AF324506

LE GALÉGA,

NOUVEAU FOURRAGE,

SA CULTURE, SON USAGE ET SON PROFIT

PAR

GILLET-DAMITTE,

Inspecteur de l'Enseignement primaire, en congé ;
Officier de l'Instruction publique ; Officier de l'Ordre impérial et militaire
du Lion et du Soleil, de la Perse ; Chevalier de l'Ordre royal
des SS. Maurice et Lazare, d'Italie ; Chevalier-Officier de l'Ordre équestre
de Santa-Rosa et de la civilisation de la République de Honduras ;
Membre correspondant de l'Académie royale d'Agriculture de Florence ;
Membre et Lauréat de plusieurs Sociétés savantes et agricoles.

SECONDE ÉDITION,

Considérablement augmentée de faits et d'expériences
de praticiens.

PARIS,

GOIN, Librairie agricole,   BLÉRIOT, quai des Grands-
Boulevart Saint-Germain, 82.   Augustins, 55.

Et chez l'Auteur, rue de Reuilly, 36.

1869.

LE GALÉGA,
NOUVEAU FOURRAGE.

D'après une aquarelle de M. Ch. Cabau,

Peintre de fleurs à la Manufacture impériale de Sèvres.

Et radicavi quasi plantatio
roseæ in Jericho.

Eccl.

Cet ouvrage se trouve au *dépôt général de la graine de Galéga,*

Chez M. Dubois, boulevart des Capucines, 21, à Paris;

A Orléans, chez tous les Libraires.

LE GALÉGA,

NOUVEAU FOURRAGE,

SA CULTURE, SON USAGE ET SON PROFIT

PAR

IMP GILLET-DAMITTE

Inspecteur de l'Enseignement primaire, en congé ;
Officier de l'Instruction publique ; Officier de l'Ordre impérial et militaire
du Lion et du Soleil, de la Perse ; Chevalier de l'Ordre royal
des SS. Maurice et Lazare, d'Italie ; Chevalier-Officier de l'Ordre équestre
de Santa-Rosa et de la civilisation de la République de Honduras ;
Membre correspondant de l'Académie royale d'Agriculture de Florence ;
Membre et Lauréat de plusieurs Sociétés savantes et agricoles.

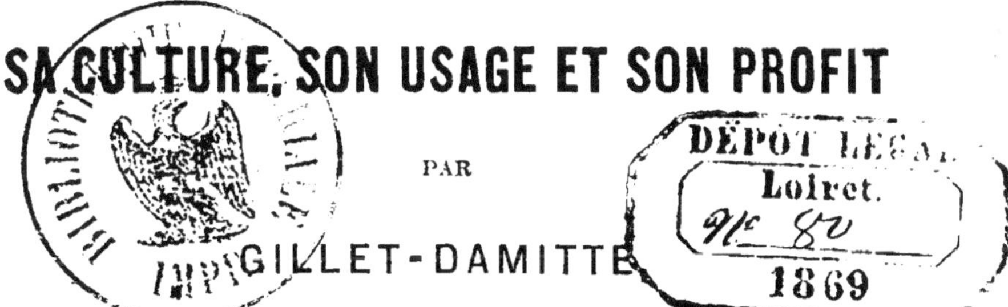

SECONDE ÉDITION,

Considérablement augmentée de faits et d'expériences
de praticiens.

PARIS,

GOIN, Librairie agricole, | BLÉRIOT, quai des Grands-
Boulevart Saint-Germain, 82. | Augustins, 55.

Et chez l'Auteur, rue de Reuilly, 36.

1869.

ORLÉANS, IMPRIMERIE D'ÉMILE PUGET ET Cⁱᵉ.

PRÉFACE DE CETTE NOUVELLE ÉDITION.

Ce volume s'est présenté au public agricole comme une nouveauté, sans autre prétention que celle de répandre dans le monde rural un aperçu rapide sur une plante fourragère, d'une haute valeur. Trop longtemps inconnu ou méconnu du plus grand nombre de ceux auxquels il peut rendre des services, ce beau fourrage a été dédaigné des agronomes qui ont accepté et perpétué les préjugés d'un savant contre cette plante admirable. Notre travail entrepris pour éclairer les praticiens, pour combattre l'erreur et faire profiter la France d'une légumineuse qui réclame droit de cité dans nos campagnes afin de les enrichir, a pénétré, par la seule influence d'une heureuse idée, dans le public qui possède la terre et qui s'occupe d'en obtenir de bons produits. Notre première édition s'est donc épuisée dans le cours d'une année.

Nous remercions nos lecteurs de la bienveillance avec laquelle ils ont accueilli nos efforts.

En réimprimant cet opuscule, nous avons eu, tout d'abord, l'intention de supprimer la partie historique de notre initiation au culte du Galéga ; mais, plusieurs personnes sérieuses nous ont fait remarquer que le chemin parcouru par nous avait été la voie du progrès, qu'en détruire les traces, ce serait réduire notre œuvre à une monographie technologique utile sans doute mais pleine d'aridité, ajoutant que le récit de nos aspirations à la vérité jetait dans ce travail un intérêt réel pour le lecteur et qu'il fallait le conserver. Ces personnes bienveillantes, nous les avons crues parce qu'elles ont pu faire vibrer la corde sensible de notre amour-propre d'auteur. D'un autre côté, nous avons dû les croire facilement quand nous avons pu acquérir la preuve et la certitude que S. M. l'Empereur Napoléon III a daigné lire, en *entier*, cette brochure. Est-ce qu'un tel écrit lu par le souverain de la France, grand lauréat agricole, ne saurait mériter d'être intégralement reproduit, pour passer sous les yeux des agriculteurs français ?

Nous possédons l'exemplaire lu par Sa Majesté Impériale. Nous en reproduisons le texte fidèle conforme à l'édition précédente. Mais, nous nous efforçons de compléter, de perfectionner les détails, surtout ceux qui intéressent le plus particulièrement la pratique sur la culture et les expériences faites de cette fourragère si digne de l'attention de tous les agriculteurs de l'Europe.

Nous nous présentons donc à nos lecteurs, fort des premières expériences et plus fort encore de toutes celles qui ont été opérées par des praticiens distingués.

A Monsieur E. BOINVILLIERS,

SÉNATEUR DE L'EMPIRE,

Président du Comité central Agricole de la Sologne, etc., etc.

———◇———

Monsieur le Sénateur,

En acceptant la dédicace de mon premier travail pour la propagation du galéga, vous donniez une honorable sanction à mes longs et persévérants efforts.

Vous aviez vu, comme vous l'avez affirmé en séance du Comité Central Agricole de la Sologne, *vu de vos yeux*, la plante sur pied, constaté son rendement abondant; vous aviez vu les chevaux manger ce fourrage sec ou vert.

Votre patronage, Monsieur le Sénateur, était donc un éclatant témoignage rendu à la vérité.

Cette nouvelle édition se produit avec d'autres témoignages nombreux en faveur de la belle légumineuse.

Ces témoignages, pour être moins illustres, ne sont pas moins authentiques.

Et, comme en toutes choses ici-bas, ce sont les faits qui démontrent la vérité, je ne puis hésiter à dire hautement et fermement que désormais l'agriculture de la France doit compter un fourrage précieux, et une plante industrielle en plus parmi les richesses qu'elle tire du sol national.

Voilà pourquoi, Monsieur le Sénateur, je publie avec bonheur, cette nouvelle édition, fortifiée des faits et des expériences d'honorables praticiens, ajoutés aux faits qui me sont personnels et aux expériences que j'opère depuis cinq ans.

Et j'ose, à ces titres, être persuadé que mon œuvre sera plus digne encore de votre bienveillance.

Je suis avec un profond respect,

Monsieur le Sénateur,

Votre humble et dévoué serviteur,

GILLET-DAMITTE,

Lauréat du Comité Central Agricole de la Sologne.

LE GALÉGA,

NOUVEAU FOURRAGE.

PREMIÈRE PARTIE.

I.

Réflexions préliminaires. — Tessier, les mérinos. — Parmentier, la pomme-de-terre. — La luzerne.

Quand un homme découvre une vérité, invente une machine ou tire de l'oubli une chose utile qui s'y trouvait ensevelie, si cette vérité, si cette machine ou si cette chose ne présente immédiatement des effets saisissants ou des prodiges, on traite cet homme de rêveur ; on passe outre sans plus d'attention. Pour peu que cet homme ait une conviction ferme et un caractère trempé et que, en suivant l'entraînement de son âme, il prêche avec énergie sa vérité, s'il expose l'utilité de sa machine ou la bonté de la chose qu'il a étudiée, on ne peut pas se soustraire à son action, on l'écoute; non pour profiter de son expérience et tirer parti de son étude, mais le plus souvent pour le dénigrer. On n'approfondit pas ses dires, on ne vérifie pas les faits qu'il expose, encore moins ses paroles ; on le critique, on le décourage. C'est, en général, le sort qui lui est réservé. Heureux s'il n'est pas persécuté.

Il faut donc une sorte de courage pour apporter au public une idée nouvelle et tenter de servir son pays en s'efforçant d'enrichir le domaine de l'agriculture d'une plante fourragère ; car rien n'est nouveau sous le soleil. En effet, toutes les plantes sorties des mains bienfaisantes du Créateur et tous les animaux sont aussi anciens que le monde. Je ne sache pas que mon illustre compatriote Tessier ait eu jamais la prétention d'avoir créé les *mérinos,* ni que Parmentier ait eu celle d'avoir fait sortir du néant la *pomme-de-terre.* Cependant, le premier de ces hommes est resté dans les annales de l'agriculture inscrit comme un bienfaiteur, parce qu'avec Daubenton, il a doté la France d'une race ovine exotique qui a fait fleurir l'agriculture sous le premier Empire. Le second, par les soins persévérants qu'il a pris de propager la culture des féculents tubercules qui portent encore son nom, s'est acquis les titres les plus nobles à la reconnaissance de la postérité. Il n'a pas non plus créé la pomme-de-terre, introduite en Espagne au XVIᵉ siècle, mais en la cultivant lui-même, il a appris à la génération que c'était un aliment bon pour le pauvre et pour le riche. La pomme-de-terre paraît sur la table du manouvrier et n'est pas dédaignée du châtelain ; elle joue, en outre, un rôle avantageux dans l'économie rurale pour l'élève du bétail, et dans l'économie publique pour l'alimentation du peuple.

Pourtant, que de peines ces deux savants n'ont-ils pas dû prendre afin de voir se réaliser leurs efforts bienfaisants ! Il a fallu que plus de deux cents ans s'écoulassent avant que la pomme-de-terre pût franchir les Pyrénées pour être, après des efforts inouïs, par Parmentier, popularisée en France.

Et la luzerne qu'Olivier de Serres, vers 1660, appelle *la merveille du mesnage des champs,* que de siècles ont dû passer avant que, de l'Asie, son pays natal, cette plante précieuse vînt jusqu'à nous! Les Grecs la rapportèrent de la Médie comme un glorieux trophée, au v° siècle avant Jésus-Christ. Les Romains, trois siècles plus tard, rapportaient eux-mêmes de la Grèce la luzerne en lui conservant le nom de *plante médique* que lui avaient donné les Grecs. Ils semblent en avoir longtemps ignoré ou dédaigné les merveilleuses qualités. Ce furent Varron (116 ans avant Jésus-Christ), Columelle (30 ans avant Jésus-Christ) et Palladius (371 ans après Jésus-Christ) qui la tirèrent de l'oubli ; ils crurent devoir rappeler par leurs écrits aux cultivateurs de leur temps les avantages de cette plante. Virgile, dans ses *Géorgiques*, se borne à indiquer l'époque de sa semaille au printemps. Mais elle fut négligée par la suite en Italie même, car elle ne commença à être cultivée dans le Brescian qu'en 1550 (1). En somme, on compte *vingt-trois siècles* depuis le départ de la luzerne de la Médie jusqu'à son arrivée chez nous en parfait usage.

On croit que c'est de la Grèce même qu'elle fut importée en Espagne, où l'on a la preuve de sa culture dès 1548. Fut-elle introduite dans la Gaule par les Romains à l'époque de la conquête? Passa-t-elle d'Espagne en France? C'est ce qu'on ignore. La plus ancienne mention qui en soit faite, dans notre pays, date de 1516, où, d'après M. Heuzé, elle fut répandue dans le Soissonnais. Nous perdons dès lors sa trace jusqu'à la fin du xvi° siècle. C'est à partir de cette époque que la luzerne s'empara insensiblement, en France, d'une part notable dans la culture des contrées méridionales, d'abord, gagnant toujours vers le Centre et vers le Nord. Elle ne pénétra en Angleterre que vers l'année 1657. Je ne saurais omettre de noter ici que, dans mon enfance, même au sein de la Beauce, les agriculteurs qui cultivaient la luzerne passaient pour des hommes avancés, s'y comptaient et s'en-

____

(1) A Gobin. Ouvrages sur les *Plantes fourragères.*

richissaient, tandis que leurs détracteurs végétaient ou demeuraient pauvres!

De ces faits préliminaires, le lecteur a déjà tiré les conséquences qui en découlent, et nous les tirerons aussi nous-même.

II.

Au Jardin-des-Plantes. — M. Boitel.

Un des premiers beaux jours du printemps de 1864, à ce moment où déjà la nature s'anime et revivifie tout ce qui a des racines en terre et des bourgeons dans l'air, fatigué, je me reposais au Jardin-des-Plantes, assis sur un banc situé en face de l'école de botanique. J'étais plongé dans les réflexions qui précèdent, et je contemplais avec admiration l'ordre merveilleux disposé dans cet immense répertoire. Quel génie a pu classer ces myriades de plantes, les ranger par familles, en distinguer le genre, l'espèce, en noter la variété! Mon esprit se perdait dans cette contemplation. Quoi! me disais-je à moi-même, est-ce que dans ces riches et savantes collections, il n'y aurait pas une plante oubliée, une herbe dédaignée, utile à l'agriculture? Est-ce que nos aïeux n'ont pas longtemps marché sur la lupuline, sur la luzerne rustique, et les barbares d'Afrique sur le silène, sans se douter que les uns foulaient aux pieds des fourrages et que les autres trépignaient sur de charmantes fleurs dont on fait aujourd'hui des massifs pour décorer les jardins des rois?

Un travailleur sortait de l'enclos qui me faisait face. Comme au Jardin-des-Plantes les employés sont polis, très-disposés à instruire le public ou même à satisfaire les curieux, j'abordai la personne qui fermait la grille et je lui dis : Monsieur, il y a là bien des plantes. Ne vous serait-il pas possible de m'en montrer une qui fût de nature à servir l'agriculture?

La personne que j'interrogeais ainsi était M. Boitel, alors sous-chef de culture à l'école de botanique.

— Venez, me dit M. Boitel, et me montrant une plante déjà verdoyante, belle, vivace : en voici une.

— Comment la nommez-vous ?

— On l'appelle *Galega officinalis* ; c'est une plante de la famille des Légumineuses, dites aussi Papilionnacées, comme le sainfoin, la luzerne.

— Est-elle bonne pour les bêtes herbivores ?

— Assurément, reprit M. Boitel ; plusieurs fois j'en ai offert aux animaux des parcs de la ménagerie, et toujours ils l'ont bien mangée ; c'est d'ailleurs une plante magnifique, dont les fleurs en grappes plus épaisses que celles de la luzerne sont gracieuses et de longue durée.

— Est-elle cultivée pour fourrage ? demandai-je.

— Non, répondit M. Boitel, mais elle mériterait de l'être ; au reste, ajouta-t-il, parlez-en à M. Pépin, notre jardinier en chef.

III.

Au Jardin-des-Plantes. — M. Pépin.

Je notai sur mon carnet *Galega officinalis* et j'allai voir M. Pépin, jardinier en chef. Ce fonctionnaire, qui est très-savant, est aussi bon et aussi affable qu'il est instruit. Il me reconnut pour m'avoir vu à la fête du *Nourouz*, à la légation de Perse, où nous avons assisté plusieurs années avec les philo-persans, lui, comme ayant formé des jardiniers pour les jardins de l'Argh, séraï du Schâh, moi comme ancien professesur des premiers élèves persans venus en France. M. Pépin me dit :

« Si vous avez un peu de terrain à votre disposition, je vous donnerai de la graine de *Galega officinalis* et d'une autre variété nommée *Galega orientalis*. Ce dernier est plus précoce, mais moins abondant ; plus résistant au froid, mais moins vigoureux. Il est vert tout le temps de la mauvaise saison, et aux premières approches du printemps il a des pousses étalées, alors que la luzerne ne se montre pas encore. Cultiver ces deux plantes, ce serait une étude utile et très-intéressante, car je suis persuadé que le fourrage du galéga est nutritif, *trop* peut-être. Pris *avec excès ou sans transition par les animaux ruminants, il peut leur donner des indigestions* ou *le sang-de-rate.*

— Bon, disais-je à moi-même, voilà une plante à propager en Sologne, là où les brebis sont attaquées fréquemment de l'affection aqueuse dite *cachexie.* Le galéga qui pousse au sang sera pour les troupeaux de ce pays un spécifique précieux.

Et je notai cette particularité. M. Pépin, que j'écoutais religieusement, continua son enseignement :

— Je vous recommande, fit-il, surtout le *Galega orientalis.* Ces deux variétés sont vivaces, croissent en tout terrain. Leur graine, comme celle de toutes les plantes légumineuses, haricots, sainfoin, pois, etc., conserve sa propriété germinative un temps très-long qu'on peut fixer à un demi-siècle. Je dois vous dire que les deux galégas, loin d'être sensibles à la gelée comme la luzerne, végètent pour ainsi dire sous la neige, surtout le *Galega orientalis,* qui reste vert tout l'hiver et qui, aux premiers rayons du soleil du printemps, donne déjà des pousses abondantes. Pour ce motif, il pourrait être une plante propre aux pelouses que l'œil aime à trouver vertes en tout temps.

Et le jardinier en chef du Jardin-des-Plantes me donna des graines des deux variétés de quoi ensemencer deux mètres carrés, environ dix grammes.

— Mais pourquoi, lui dis-je, monsieur, vous qui êtes si bien posé pour faire valoir une vérité utile à la culture, ne vous occupez-vous pas de la propagande du galéga ?

— C'est, répondit-il, que j'ai trop de plantes à suivre, et s'il me fallait exclusivement consacrer mon temps à chaque spécialité digne d'intérêt, je ne pourrais plus embrasser l'ensemble des travaux qui doivent m'occuper. Cette réponse me parut celle d'un homme sage.

IV.

Retour à Saint-Éloi. — Réflexions.

Je pris congé de M. Pépin pour me rendre au presbytère de Saint-Eloi où je demeure. J'avais une longue traite à parcourir, plus de la moitié de la longueur du boulevard Mazas à franchir ; j'avais donc le temps de penser. Mes premières réflexions revinrent frapper mon esprit. Faut-il que j'entre dans la voie des novateurs, que mes courts et rares loisirs je les absorbe dans une étude qui me séduit parce qu'elle m'est inspirée par un désir ardent d'être utile à l'agriculture, et que j'y suis encouragé par un des hommes savants les plus dévoués à la culture des champs et des jardins ? Quand on n'est ni un agronome renommé, ni un propriétaire qui fait autorité, n'est-ce pas une témérité grosse de tourments que de se donner la prétention d'entrer dans la voie des gros bonnets qui couvrent les sillons de nos plaines ou qui président à l'écorcement des bois (1), à la vapeur et à l'aménagement des forêts ? Et puis se risquer à être enregistré sur la légende décriée des *rêveurs !*

Pour les routiniers de haute et de basse volée, un novateur, fût-il patriote comme Bayard, brave comme François Ier, s'il n'est pas une autorité de l'agio ou une célébrité des féodaux de la terre, c'est, pour le plus grand nombre de ces messieurs, un rêveur. Or, d'autre part, selon la tourbe des inutiles et des muscadins, un penseur n'est qu'un imbécile, parce qu'un honnête penseur recherche l'utile, la lumière et le progrès, choses sérieuses qui ne sauraient profiter au nœud d'une cravate.

— Enfin, me disais-je encore, si le galéga est une plante aussi valeureuse que l'affirme M. Pépin et aussi

(1) L'écorcement du bois à la vapeur, par M. Joseph Mattre, est une innovation du plus haut intérêt.

bonne que le professe M. Boitel, cet homme d'une pratique déjà longue, d'un sens droit et d'une modestie réelle, pourquoi ne serait-elle pas répandue, cultivée de toutes parts, dans ce temps où une fièvre de spéculation, où une ardeur du progrès agricole dévore tous les possesseurs de la terre (1)?...

Puis, je me rappelai que la luzerne, cette plante d'un profit souverain, a mis deux mille trois cents ans à venir de la Médie pour être la fortune de la grande et de la petite culture. Je me rappelai encore ce qu'il a fallu de constance et d'énergie au philanthrope Parmentier pour doter son pays de la pomme-de-terre; enfin je me persuadai que toute chose et toute plante profitables n'arrivaient dans l'usage qu'à un temps donné, et j'osai penser que le temps du galéga oublié était peut-être arrivé; qu'en hâter la propagation pourrait être un acte de patriotisme; que, si je n'avais ni le titre d'un savant agronome, ni l'autorité d'un grand propriétaire, j'avais du moins, dans le sang, ce qui distingue à un haut degré les gens de ma profession : le feu sacré du progrès qui rayonne dans l'âme de tous les instituteurs français ; je dois noter ici avec bonheur que les hommes de l'instruction primaire, un inspecteur général, M. Beaudouin, un inspecteur d'arrondissement, M. Choquet, et plus d'une centaine d'instituteurs ont pris à cœur et avancé la cause du galéga. J'avais donc raison de penser que le temps où le mot progrès fut rayé du vocabulaire classique était passé; qu'on me *pardonnerait* d'avoir cultivé le *galéga* parce que d'utiles pratiques, d'efficaces enseignements surgissent tous les jours, couvés et éclos dans l'âme chaleureuse des instituteurs nationaux.

Le pardon que j'espérais, je ne l'ai pas demandé et bien j'ai fait, car les envieux sont inexorables, et si la science est aimable, certains de ceux qui croient l'avoir

---

(1) En faisant cette dernière réflexion, j'ignorais alors la cause du délaissement du galéga. Je la connais maintenant et je la dirai sans réserve.

acquise se conduisent en despotes. De même que le rentier de province se croit en droit de mépriser le bourgeois qui a 50 fr. de rente de moins que lui, de même tel mirmidon de l'agronomie brûle de son haleine purpurine l'humble vulgarisateur qui prêche une vérité qu'il a apprise ailleurs que dans le *Livre des Rétrogrades*. Il va sans dire que les vrais savants n'ont pas ces allures d'intolérance et d'outrecuidance contre les soldats du progrès.

J'étais sous ces dernières impressions quand j'arrivai à Saint-Eloi.

V.

Le Bon Jardinier et le Galéga.

Rentré chez moi, je n'eus rien de si pressé à faire que de consulter *le Bon Jardinier* de l'année 1824, bouquin que m'a laissé mon grand-père. Ce livre est d'ailleurs respectable, car l'édition citée a pour auteurs MM. Vilmorin, grainier du Roi, et Noisette, membre des Sociétés horticulturales de *Londres* et de *Berlin*, de France aussi, cela va sans dire, je le suppose du moins. Cette édition est dédiée à M. André Thouin, professeur d'agriculture, membre de l'Institut, etc. — On y lit page 239 :

« GALÉGA, OU RUE DE CHÈVRE, *Galega officinalis*. Je parle (1) de cette plante, parce que plusieurs ouvrages l'ont *recommandée*, et que les amateurs d'agriculture en demandent souvent de la graine. Ceux qui voient le galéga dans les jardins, où ses touffes sont si fournies et si fourrageuses, doivent en concevoir, en effet, une idée

____

(1) Est-ce M. Vilmorin qui parle ou M. Noisette ? Je pense que c'est M. André Thouin qui, malgré sa grande autorité, s'énonce ici d'une manière vague, n'exprimant aucune conviction personnelle, rien de fixe et répercutant l'écho des données inexactes do Booo, aussi célèbre que lui en son temps, vers 1810.

avantageuse, et désirer l'esssayer en prairie artificielle; mais malheureusement, il *paraît*, d'après diverses observations, que ce fourrage ne convient pas aux bestiaux, ou que du moins ils le refusent d'abord, et que, dans les pâturages, ils n'y touchent point. S'il n'a pas été fait d'expériences positives à ce sujet, *ce que j'ignore*, il est à désirer qu'on les fasse; car on sait que les bestiaux *refusent souvent* une nourriture même fort *bonne* pour eux, et à laquelle ils s'accoutument *très-bien* après quelques tentatives. S'il en était ainsi du Galéga (1), il pourrait devenir précieux par sa grande vigueur, son produit considérable et sa longue durée. Environ 40 livres pour un hectare. »

Comme tout doit progresser, — c'est la loi de Dieu, morale et intellectuelle, — voyons *le Bon Jardinier* de 1854 et années suivantes; nous y trouvons au frontispice non plus MM. Vilmorin et Noisette seulement, mais les célébrités contemporaines, MM. Poiteau, Decaisne, Neumann et Pépin. On lit comme cliché dans ces nouvelles et compactes éditions, à l'article *Galega officinalis* (Linné) : « Ceux qui voient le Galéga dans les jardins où ses touffes sont si fournies et si fourrageuses, doivent en concevoir une idée avantageuse et désirer l'essayer en prairie artificielle; mais, quoique recommandé dans plusieurs ouvrages, il *paraît*, d'après diverses observations, que ce fourrage ne convient pas aux bestiaux, ou que du moins ils le refusent d'abord, et que, dans les pâturages des contrées où il croît naturellement, ils le laissent intact. S'il n'a pas été fait d'expériences positives à ce sujet, *ce que j'ignore*, il est à désirer qu'on les fasse; car on sait que les bestiaux *refusent souvent* une nourriture même fort *bonne* pour eux, et à laquelle ils s'accoutument *très-bien*, après quelques tentatives; s'il

____

(1) Il en est bien ainsi du Galéga. Les expériences que nous avons commencées sont faites, nombreuses et péremptoires.

GILLET-DAMITTE.

en était ainsi du Galéga, il deviendrait précieux par sa grande vigueur, son produit considérable et sa longue durée. Environ 20 kilog. par hectare. » (*Bon Jardinier*, 1854, p. 575 et années suivantes).

Si l'on compare le texte des deux articles Galéga insérés l'un en 1824 et l'autre en 1854 dans le *Bon Jardinier*, on est frappé de l'identité du texte à une ou deux variantes près.

Comme cet ouvrage, à juste titre, en raison du mérite incontestable de ses fondateurs et de ses continuateurs, doit faire autorité (1), nous avons tiré et l'on pourra tirer avec nous les conclusions suivantes :

1° Que le Galéga, plante de la famille des Légumineuses, pourrait devenir précieux par sa *grande vigueur, son produit considérable et sa longue durée*, s'il était fait des expériences positives relativement à l'usage de cette plante fourragère ;

2° Que, depuis quarante ans, il est à désirer qu'on fasse ces expériences ;

3° Que les auteurs précités *ignorent* s'il en a été fait ;

4° Que, sur la foi de dires vagues, ils croient, ils pensent, *il parait* que dans les contrées où le galéga croît naturellement, les animaux n'en font aucun usage ; que pourtant, si les animaux *refusent souvent* une nourriture même fort *bonne* pour eux, ils s'y accoutument *très-bien* après quelques tentatives ;

5° Que, dans l'espace de quarante ans, aucune étude, aucune expérience positive n'a été faite à l'égard de cette fourragère *vigoureuse, d'un produit considérable et d'une longue durée* ;

6° Qu'enfin, conséquemment et évidemment, il y avait là quelque chose à faire.

Ce quelque chose à faire, je me sentais plein du désir de

____

(1) Il est à remarquer que le *Nouveau Jardinier illustré*, ouvrage remarquable, rédigé par MM. A. Lavallée, L. Neumann, Cels, etc., et édité par E. Donnaud, ne parle pas du galéga, ni comme plante d'agrément, ni autrement.

le tenter, non par mes forces personnelles et absolues, mais par une passion du bien, laquelle avec du courage, il en faut, surmonte les difficultés, bravant les préjugés, risquant la peine, et s'imposant des sacrifices. Si l'on rencontre de multiples dégoûts, de cuisants mécomptes dans tout effort généreux, il y a aussi au revers de la médaille de nobles et encourageantes sympathies. J'étais d'ailleurs fort de l'enseignement et de la bienveillance de M. Pépin et je posais mon espoir dans des forces d'un ordre supérieur qui jusqu'ici ne m'ont pas failli. J'en parlerai ci-après.

VI.

Bosc, membre de l'Institut et le galéga.

Je consultai avec ardeur les livres où je pusse rencontrer des renseignements, trouver des faits relatifs à la plante qui déjà m'était si chère. J'ouvris le *Dictionnaire raisonné et universel d'agriculture*, par les membres de la section d'agriculture de l'Institut, édité in-4°, à Paris, en 1810, tome VI ; j'y lus l'article qui suit :

« GALÉGA. Plante à racine rameuse, vivace, à tiges droites, fistuleuses, cannelées, presque ligneuses, rameuses, hautes de deux à trois pieds (1) ; à feuilles pétiolées, stipulées, ailées avec impaire, composées de sept ou neuf folioles ovales, lancéolées, échancrées au sommet, longues d'un pouce et plus, à fleurs blanches, disposées en grappes et pendantes au sommet de longs pédoncules terminaux et axiliaires, qui fait partie d'un genre dans la diadelphie décandrie et dans la famille des Légumineuses.

(1) Celui que je cultive à Saint-Eloi et que j'ai laissé croître sans en prendre de coupes, fin de juin 1867, mesurait 2^m 20 de hauteur, et 2^m 25 en 1869.

« On trouve le galéga dans les parties méridionales de l'Europe, dans les terrains gras et frais, sur le bord des eaux, et on le cultive dans les jardins à raison de la beauté de sa fane et de la longue durée de ses fleurs, qui s'épanouissent successivement jusqu'aux gelées.

« C'est dans les parterres, sur le bord des massifs, le long des ruisseaux, que se plante le galéga dans les jardins paysagers. Il faut que ses touffes ne soient ni trop petites, ni trop grosses pour produire tout leur effet. Un terrain substantiel, plutôt léger que fort, est celui qui lui convient le mieux ; cependant il s'accommode plus ou moins de tous. On le multiplie par le semis de ses graines, en place ou dans une planche exposée au levant et bien préparée ; mais, comme elles se répandent toujours assez et souvent même plus qu'on ne veut, on a rarement recours à ce moyen ; on se contente de lever les jeunes pieds crûs naturellement autour des vieux, ou l'on déchire ces derniers.

« Les feuilles du galéga ont une odeur aromatique et une saveur d'abord douce et ensuite âcre (1). On les regarde comme sudorifiques et alexitères, mais on en fait peu d'usage en médecine. (2)

« L'abondance de la fane du galéga et la facilité de le cultiver ont fait désirer d'en former des prairies artificielles ; mais il est peu du goût des bestiaux, qui n'en mangent que les plus jeunes pousses, encore pas beaucoup à la fois, ainsi que je m'en suis assuré en Italie, le long des chemins et dans les pâturages, où ses touffes restent entières (3). Il serait *peut-être possible* cependant

---

(1) Maintes fois, j'ai mâché des feuilles du galéga ; jusqu'ici, je n'ai pu découvrir l'âcreté dont parle Bosc. (*Note de M. Gillet-Damitte*).

(2) Il est certain que l'ancienne médecine en ordonnait l'usage et que ce végétal a pris le nom *d'officinal* dans les pharmacies. (*Note de M. Gillet-Damitte*).

(3) L'académicien a sans doute parcouru l'Italie en touriste, car, d'après le témoignage entre nos mains, de l'Académie

de les y accoutumer; mais alors on aurait l'obstacle de la dureté des tiges (1). Je ne me suis pas aperçu que dans les parties méridionales de la France, ni nulle part on le cultivât pour cet objet :

« C'est réellement dommage.

« Un écrivain a annoncé l'avoir cultivé dans cette intention et y avoir trouvé beaucoup de profit; cependant j'ai tout lieu de croire que le fait est faux. Cette plante vient si haut, pousse un si grand nombre de tiges, qu'il semble qu'on trouverait de l'utilité à la cultiver uniquement pour faire de la litière ou pour chauffer le four.

« C'est aux propriétaires des départements du Midi surtout, qui manquent si souvent de fumier et de bois, à vérifier cette conjecture par l'expérience. Dans tous les cas, il serait un *bon amendement* pour les terres dans un système régulier d'assolement.

« On appelle vulgairement le galéga *rue de chèvre*, *lavanèse*, *faux indigo*. On en peut, dit-on, obtenir une fécule analogue à celle de l'indigo; mais il faut qu'elle soit en bien petite quantité, puisqu'on n'a pas cherché à en tirer parti pour la teinture.

« Bosc,

« *Inspecteur des fermes impériales.* »

En réfléchissant sur les paroles qui précèdent, on ne peut s'empêcher de constater et d'admettre, malgré tout

royale des Georgofili, de Florence, le galéga, appelé là *capraggine*, est servi sec l'hiver aux races ovines, en Italie. Le témoignage de l'Académie royale d'agriculture de Florence, n'a-t-il pas autant de valeur que l'assertion isolée d'un membre de l'Institut ? (*Note de M. Gillet-Damitte*).

(1) La dureté de la tige n'existe réellement que dans la plante qui a fourni toute sa croissance. Si on en fait des coupes lorsque les pousses n'ont que 45 à 50 centimètres de haut, le fourrage n'est pas plus dur que tout autre. (*Note de M. Gillet-Damitte*).

le respect dû à la mémoire d'un membre de l'Institut, d'un savant professeur de son temps, sous le premier Empire, que Bosc n'a vu qu'en passant le galéga en Italie, car il lui attribue des fleurs de couleur blanche et semble ignorer que la variété à fleurs lilas est aussi commune et peut-être plus répandue que celle à fleurs blanches.

Bosc n'a pas étudié, ni suivi par lui-même la culture du galéga, car s'il l'eût fait sérieusement, il eût appris que les feuilles du galéga n'ont, vertes, comme il l'indique, aucune odeur aromatique et qu'à l'état de fourrage sec, elles exhalent le parfum de la meilleure luzerne et du foin le plus parfait; seulement, cet arôme est souvent un peu fort. Cependant, en homme savant qui a l'instinct de la valeur nutritive de toutes les plantes légumineuses, lesquelles, le cytise excepté, n'ont aucun principe vireux, toxique ou nuisible, il s'écrie du fond de sa conscience, en regrettant qu'une si belle plante ne soit pas cultivée ni exploitée au profit des animaux :

C'EST RÉELLEMENT DOMMAGE !

et il ajoute : « Un écrivain a annoncé l'avoir cultivée dans cette intention et y avoir *trouvé beaucoup de profit*. Cependant j'ai tout lieu de croire que le fait est faux. »

Et pourquoi un écrivain cultivateur aurait-il ainsi menti ? Un cultivateur ne ment pas. Quand il écrit, il rend témoignage à la vérité. Aussi Bosc n'assure-t-il pas carrément que ce soit un mensonge, et se garde de citer les faits qui le puissent prouver; c'était un parti pris par l'honorable académicien de dénigrer une belle plante qu'il n'avait point cultivée ni expérimentée directement, il se paie de banalités et se garde bien de dire : j'ai essayé, j'ai vu, je suis certain.

Et voyons, à cette occasion, la vérité de ces quatre mots d'Horace, quand il formule les dangers de publier témérairement une pensée :

....Nescit vox emissa reverti.

Bosc avait une grande autorité puisque, à son titre de membre de l'Institut, il joignait ceux de professeur d'agriculture et de directeur du jardin botanique de Paris. Ces titres très-honorables sont dignes de respect ; mais si respectables qu'ils soient, peuvent-ils conférer à un savant l'infaillibilité de l'Église suivant les Gallicans ou l'infaillibilité du Pape suivant les Ultramontains ? Son article, publié en 1810 sur le *Galéga,* a été un anathème contre cette plante superbe.

Ce texte a servi de thème à un article de M. Leclerc-Thouin, et aussi à la note du *Bon Jardinier* sur cette plante jusqu'en ces derniers temps.

Et c'est ainsi que le Galéga a été mis au ban de l'inutilité parmi les plantes depuis cinquante-neuf ans.

J'aime à citer ici par compensation une grande vérité proclamée par M. Bailly de Merlieu, vérité encourageante ; il la place dans la *Maison rustique*; t. II, p. 155 ; Paris, 1837.

VII.

Bailly de Merlieu, M. Pépin et la Maison Rustique.
Le curé Ammermuller.

« Les végétaux les plus précieux de notre agriculture sont nés, dit Bailly de Merlieu, de plantes sauvages, dont pour la plupart nous avons encore les types sous les yeux, et qu'une longue culture a considérablement modifiées et améliorées (1); d'autres sont issus de plantes exotiques également sauvages et pareillement améliorées. Nul doute que parmi les végétaux indigènes et exotiques non encore soumis à la culture, *il en existe plusieurs qui pourraient l'être avec avantage.* »

(1) Ainsi la culture qui modifie et améliore les plantes en général, pourquoi n'améliorerait-elle pas le Galéga, si l'on prend la peine de s'occuper de cette belle plante ?

Alors suit la liste des végétaux récemment introduits dont on pourrait utiliser les produits; les seconds de ces végétaux sur la liste sont les *Galégas* traités par M. Pépin. Nous croyons devoir reproduire cette coupure, au risque de répéter ce que déjà nous avons écrit.

« Les *Galégas*, plantes vivaces, écrit M. Pépin, de la famille des Légumineuses, dont les deux espèces qu'on cultive en pleine terre, croissent dans tous les terrains, même les plus médiocres et sans profondeur et ne craignent ni les froids, ni la sécheresse.

Le Galéya officinal ou *rue de chèvre* a été recommandé à l'article Prairies. — « Le *Galéga d'Orient* (G. orientalis), n'a peut-être pas été essayé en grand, et il n'est guère cultivé que pour la décoration des grands jardins; mais s'il est moins vigoureux que ceux de la première espèce, sa grande précocité, puisque ses feuilles se développent pour ainsi dire sous la neige, le rendent *très-précieux pour la nourriture des bestiaux*, auxquels il fournit un fourrage vert à une époque où il est fort rare. On peut aisément en obtenir deux coupes dans l'année, après l'avoir fait brouter sur place au printemps. Cette plante donne des graines en assez grande quantité : 40 ou 45 livres suffisent pour ensemencer un hectare. »

Ajoutons qu'à l'apparence, le *galéga oriental* ne diffère en rien du *galéga officinal*.

Leclerc-Thoin, cité plus haut, nous apprend que vers la fin du siècle dernier, M. Ammermuller, curé dans le Wurtemberg, après plusieurs expériences, répandit la culture du galéga dans les environs de Derlinguen. J'aurais bien des regrets si j'omettais de citer un tel ami de l'agriculture, car je suis persuadé que tout curé de campagne qui aime et connaît l'agriculture, ses paroissiens le connaissent et l'aiment tendrement (1).

---

(1) *Ego cognosco oves meas et cognoscunt me meæ*

(SAINT JEAN.)

VIII.

Recherches sur le Galéga. Les dictionnaires ;
la routine.

En poursuivant mes recherches, je trouvai qu'en 1597, un auteur anglais, dans son *Histoire des plantes*, ouvrage in-folio, publié à Londres, classe le *galéga* parmi les végétaux de l'Angleterre, mais, c'est pour compléter sa nomenclature ; je ne sache pas qu'il ait traité d'aucune propriété de la plante. De même Parkinson, pharmacien à Londres, dans son livre publié en Angleterre sous le titre de *Paradis terrestre*, cite comme plante anglaise le galéga qui nous occupe. Il l'appelle *Galéga vulgaris*, nom adopté par Pitton de Tournefort, professeur de botanique au Jardin royal des plantes, dans ses *Eléments de botanique*, imprimés à l'Imprimerie royale, in-8°, en 1694.

En 1760, le docteur Lemery, dans son *Dictionnaire universel des drogues*, in-4°, s'exprime ainsi sur notre plante :

« Le *Galéga*, *Ruta capraria* d'après Gesner, est une plante qui pousse plusieurs tiges à la hauteur de trois pieds (1), cannelées, vuides, rameuses. Ses feuilles sont semblables à celles de la vesce, mais plus longues, attachées par paires le long d'une côte terminée par une seule feuille, ayant chacune en son extrémité une manière de petite épine molle, d'un goût de légume. Ses fleurs naissent en épis, légumineuses, de couleur blanche ou violette blanchâtre : quand ces fleurs sont passées, il paraît des gousses grêles et rondes, qui renferment des semences oblongues. Ses racines sont blanches, *menues*,

____

(1) Celui que j'ai laissé pousser dans ma culture mesurait, fin de juin 1867, 2 mètres 20 centimètres de hauteur. — G.-D.

éparses (1) Cette plante croît aux lieux humides et gras ; elle contient beaucoup de sel essentiel et d'huile. »

Vertus. « Elle est sudorifique, elle résiste au venin ; on s'en sert pour la peste, pour l'épilepsie, pour la morsure des serpents, pour les vers. »

De là je passai à un Dictionnaire des sciences naturelles in-8°, publié à Paris, en 1820, chez Levrault. Je retrouvai là, à l'article *Galéga*, le chapitre de Bosc, précédemment cité par nous, page 20.

La planche était faite, les auteurs y ont passé ; donc de 1810 à 1820 rien de nouveau, pas d'étude sur le galéga. Pourtant le susdit dictionnaire note cette particularité sur cette plante : « Dans certains cantons de l'Italie, on mange ses feuilles, comme herbes potagères, ou cuites ou en salade. »

Je voulus savoir si, dans nos derniers temps, des chercheurs de nouveautés auraient enfin fait les expériences non faites, et *ce qui*, au dire de Bosc, *était réellement dommage.* Je tombe sur un ouvrage in-8°, intitulé : *Cours complet d'agriculture par nos premiers professeurs, économistes, agriculteurs, médecins-vétérinaires*, publié à Paris en 1846. A l'article *Galéga*, tome X, je trouve un assez long chapitre. Quel était ce chapitre ? le texte que Bosc avait imprimé en 1810, ni *plus*, ni *moins.*

Que mes lecteurs n'aillent point inférer de ceci que j'instruis le procès des auteurs des dictionnaires cités ci-dessus. Je ne suis point un polémiste ; je ne critique personne, mais avec toute la bienveillance désirable est-il possible d'admettre que les premiers professeurs, économistes, agriculteurs, médecins-vétérinaires aient le droit d'en imposer au public, en copiant et perpétuant pour la génération qui les lit, des données erronées sur un aussi beau végétal ? Sans prendre aucun souci d'une plante qui méritait leur attention, s'ils l'avaient mieux

(1) C'est en quoi le galéga diffère particulièrement de la luzerne, qui a un long pivot, à laquelle il faut un sol meuble, profond. — G.-D.

connue, les savants professeurs ont cédé à leur foi en un savant qui, à titres multiples, faisait autorité. Bosc, membre de l'Institut, qui était allé en touriste en Italie, avait écrit. *Magister dixit*, le maître l'a dit; ils ont copié le maître, sans scrupule.

Le maître l'a dit!

C'est l'aphorisme de la routine. La routine n'est-elle pas une force? oui, une force négative, mais enfin c'en est une. C'est le barrage du progrès,

Et pour éliminer ce qu'elle enseigne, il faut l'action du temps qui inspire ou suscite les novateurs.

Et rappelons-nous que la luzerne a parcouru deux mille trois cents ans, vingt-trois siècles, avant de nous enrichir de ses bienfaits !

Consultons le gros dictionnaire universel de Bescherelle; c'est une nouveauté à la mode. J'y cherche le mot *Galéga*. Je trouve : *Galéga*, plante légumineuse, *Rue*. Ainsi la Rue est le Galéga, selon M. Bescherelle.

La Rue est une plante-arbuste d'une nature bien différente de celle du galéga. Bescherelle avait lu que le *galéga* est la *rue de chèvre*. Sa définition, si elle était comprise dans son sens, ressemblerait à celle de l'homme par Platon. Ce philosophe, ayant défini *l'homme un animal bipède et sans plumes*, avait dit vrai, parce que l'homme n'a que deux pieds et n'a pas de plumes. Mais cette définition n'était pas, en terme d'école, réciproque. C'est pourquoi l'on rapporte que Diogène, peu satisfait du dire du grand philosophe, quant à l'homme, s'avisa de plumer un coq vivant. Il alla le jeter dans l'école de Platon en s'écriant : Voilà un homme.

Il existait en 1808 un botaniste nommé Jaume-Saint-Hilaire, demeurant rue des Fossés-Saint Victor. Comme Homère, il vendait lui-même ses œuvres. Il composa un ouvrage en plusieurs volumes in-4° sous le titre de *Plantes de la France*, décrites et peintes d'après nature par l'auteur. On y lit ce qui suit sur le galéga :

« *Galéga officinal*, famille des légumineuses, système

sexuel diadelphie décandrie, vulgairement le *Lavanèze,
Rue de chèvre.* Cette plante croît naturellement dans plusieurs parties de la France ; elle est très-commune dans
les prairies du Piémont. Elle fleurit en juillet et août. On
la nomme en allemand *die Geisraute, Pockenraute* ; en
hollandais, *Vlakkenkruid* ; en anglais, *Galega or goat's
rue* ; en espagnol, *Galega, ruda de capra* ; en italien,
Capraggine ; en piémontais, *Bavarosce* ; en hongrois,
Ketske ruta.

« On cultive le galéga *comme un bon fourrage,* en le
mêlant au sainfoin et au trèfle ; mais, lorsque ses tiges
sont trop dures, les bestiaux ne les mangent pas. Le
galéga est vivace et rustique. On le multiplie facilement
par ses graines, semées dans tout terrain. Elles s'y pro-
pagent souvent d'elles-mêmes, plus qu'on ne voudrait. »

Ainsi le botaniste Jaume-Saint-Hilaire admet et publie
que *le galéga est un bon fourrage* en le mêlant avec le
sainfoin et le trèfle. Ce savant n'a pas de préjugés. Il dit
ce qu'il a appris comme un fait et nous sommes fondé à
admettre qu'il dit vrai.

Enfin, pour terminer ce chapitre des dictionnaires, il
convient que nous citions, comme bon, l'article suivant
emprunté au *Dictionnaire de la vie pratique à la ville et à
la campagne :*

« GALÉGA ou *Rue de chèvre.* Cette plante légumineuse
donne un fourrage précieux par sa grande vigueur, son
produit considérable et sa longue durée. Dans les terres
fortes et humides, il donne davantage ; dans les terres
sèches et légères, l'herbe en est plus fine et plus savou-
reuse. Il supporte aisément l'hiver le plus rigoureux et
se multiplie de graines et de drageons. Avant de semer,
on fait deux labours profonds en automne, et un troisième en mars, suivi d'un hersage. Comme les touffes
du Galéga sont très-fournies, il faut, si l'on sème à la
volée, mêler un 6° de sable à la semence : 20 kil. suffisent par hectare. On peut aussi semer au cordeau à la
distance de 0^m 60 en tous sens ; on remplit les vides

avec de l'orge, de l'avoine, du colza ou du sarrasin. Les années suivantes, il suffit d'ameublir la terre par de légers labours ; dès la 2ᵉ année, le Galéga est dans toute sa vigueur. On le coupe comme fourrage vert de la mi-avril à la mi-juin ; dès que les fleurs paraissent on le fauche, et ensuite on relève la végétation en répandant sur le champ un peu de fumier. Pour multiplier cette plante par drageons, on détache quelques tiges et on les repique en automne ou en mars. — Le Galéga est un excellent fourrage, mais il faut y accoutumer les bestiaux. Comme les tiges en sont un peu ligneuses, il convient de les mêler avec de l'herbe fraîche ou du foin. »

IX.

M. Denys, curé de Saint-Éloi et le Galéga.
Première culture.

Ces premières études faites, nous les communiquâmes à un ami d'enfance, au curé de Saint-Eloi, dans le presbytère duquel nous demeurons.

M. l'abbé Denys aime les arts, s'associe avec spontanéité à tout ce qui comporte un genre de progrès. Que d'artistes, que de littérateurs n'a-t-il pas aidés de ses avis, de son crédit, encouragés, servis de sa bourse, comme il soulage les pauvres de son argent et leur enseigne la voie du bien ; il est plein d'une pieuse vénération pour le saint évêque de Noyon, qui fut forgeron, ministre du roi Dagobert et prélat, parce qu'à ces titres illustres saint Eloi joint celui de patron de l'église que M. l'abbé Denys a fait bâtir rue de Reuilly, au faubourg Saint-Antoine. M. Denys est le premier curé de cette paroisse. Comme dans les fondations religieuses du moyen-âge, l'église est entourée d'un jardin où s'élève la maison curiale. Le jardin de Saint-Eloi, dessiné avec le goût d'une certaine élégance, est, en partie, planté de massifs de lilas où s'élèvent des acacias , des robiniers et quelques ailantes. Les allées sont ménagées autour d'une pelouse de manière à permettre d'y faire les processions des Rogations et celles de la Fête-Dieu ; c'est la campagne en miniature où la confrérie de Saint-Fiacre tient , au milieu d'une forêt de grenadiers et de magnolias grandifloras , sa grande assise le 30 août , et où les petits enfants du faubourg reçoivent la bénédiction de Dieu à la fête du Saint-Sacrement. La partie sud du jardin est distribuée par planches et constitue le potager.

« Bien , me dit M. l'abbé Denys , par saint Eloi , patron des laboureurs , nous cultiverons le galéga , je vous livre mon potager et je vous abandonne ma pelouse. — Ah ! cher curé , merci ; c'est beaucoup , beaucoup trop. Que la bénédiction du grand saint Eloi soit répandue sur le galéga , je le crois ; mais je n'ai de la graine que pour en garnir deux mètres carrés. — Choisissez , dit M. le curé , vous êtes libre ; si vous récoltez de la graine , vous ensemencerez plus de terrain l'an prochain. » Je donnai à la terre une fumure d'engrais mixte de paille et de colombine , et j'avais un petit sac de guano Derrien , j'en ajoutai une partie. Après un bon labour, j'ensemençai un mètre carré de *Galéga orientalis* et un mètre carré de *Galéga officinalis*. Cette graine , observée à la loupe , est comme la graine de luzerne , un petit haricot. Je la couvris en général très-peu et bien je fis , car j'ai remarqué depuis que , lorsque cette graine est trop couverte , la germination avorte et la plante ne sort pas de la terre. Quand le temps est humide et la température à 15 ou 16 degrés, la graine de galéga met huit ou dix jours à lever ; encore lève-t-elle irrégulièrement, c'est-à-dire que, semées dans les mêmes conditions apparentes, des semences germent dans un temps donné, d'autres ne lèvent que très-longtemps après. Ainsi, j'ai vu des grains confiés à la terre en septembre ne lever que dans les premiers jours de décembre suivant. M. Pépin, que j'aime à citer, m'a assuré que des graines de plantes légumineuses restent quelquefois trois ans en terre avant de germer.

La graine du *Galéga orientalis* ne me donna qu'un seul pied, mais celle du *Galega officinalis* leva de manière à bien garnir toute la surface de son mètre carré. Le plant était d'un beau vert et passa l'hiver sans paraître souffrir. Il avait *pris racine*, selon l'expression poétique de l'Ecriture, *comme une plantation de beaux rosiers dans les champs fertiles de Jéricho*.

Aux premiers jours du printemps suivant, je racontai à un vieux jardinier du Jardin-des-Plantes ce qui m'était arrivé pour le *Galéga orientalis*, dont la semence n'avait rien produit. Il me donna un vieux pied de *Galéga officinalis* en me disant : « Eclatez ce pied, vous aurez avec cela de quoi repiquer du plant sur votre terrain libre. » En effet, j'obtins de ce même pied seize éclats qui, repiqués, me procurèrent, la même année, les plus beaux produits. Ils ont trois ans actuellement et leur pousse mesure, au 30 juin, 2 mètres 03 centimètres de hauteur.

Le Galéga se reproduit par la graine et par les drageons de ses pieds.

X.

**Second ensemencement du Galéga à Saint-Éloi.
Les chevaux d'une mariée.**

L'année suivante, 1865, avec la graine de mon mètre carré et celle que me donna la libéralité de M. Pépin, enfin avec quelques hectogrammes que le commerce put me fournir, j'accrus mes ensemencements, qui envahirent même la pelouse du jardin de Saint-Eloi ; je me sentis à l'aise et dès lors commencèrent mes expériences quant à la question à résoudre, savoir ; si les bêtes herbivores mangent ou refusent le galéga.

Il y avait dans mon voisinage des lapins. Je leur en administrai pendant tout l'été chaque jour une ration qu'ils ont constamment bien mangée, et pourtant ces bêtes étaient presque toujours repues d'aliments succulents, de pain, de carottes, etc.

Un beau jour, vers midi, j'aperçus une file de voitures rangées près de l'église, rue de Reuilly. En tête était un équipage de Maîtres, servi par deux grands chevaux du noir le plus fin et le plus luisant. Il descendit de cet équipage une ravissante fiancée. Qui n'est fasciné par l'éclat de la beauté, les charmes de la toilette et par cet ensemble de manières qui s'appellent aristocratiques? De même que le faubourg Saint-Germain, le faubourg Saint-Antoine se pique d'avoir son aristocratie. C'est l'aristocratie du travail et de l'intelligence. Le premier qui fut noble ne fut-il pas un serviteur de la patrie, vaillant dans les guerres? et pourquoi le travailleur devenu riche ne donnerait-il pas à sa fille, en la mariant, deux beaux chevaux noirs, grands, gras et forts? Si ces chevaux-là tout bridés et tout repus, me disais-je, mangent du galéga, ce sera bon signe; et puis, des chevaux d'une jolie mariée doivent porter le bonheur. En quelques coups de faux, j'eus une brassée de galéga vert. Les chevaux noirs me l'arrachèrent; je les laissai faire et je présentai le reste à quatorze chevaux de sept fiacres.' Ah! quant à ceux-là, si j'avais eu 25 kilog. de galéga à leur administrer, ils les auraient parfaitement avalés.

Je ne cite de prime abord cette expérience, qui m'est exclusivement personnelle, que comme un point de départ, relativement à celles qui seront relatées ci-après; et d'ailleurs je n'ai pas la prétention, dans cet opuscule, de me poser autorité. Je ne suis qu'un chercheur. J'ai donc cherché, beaucoup expérimenté, je suis sûr d'avoir trouvé une richesse enfouie et de l'avoir remise au jour. J'ai, depuis, engagé les autres à chercher avec moi, et mes co-associés qui ont expérimenté avec suite, avec méthode, avec constance, ont trouvé et vérifié, après expériences sérieuses répétées que les animaux peuvent s'accoutumer à prendre ce fourrage. Ainsi tombe ce regret de Bosc qu'une si belle plante ne soit pas cultivée ni exploitée au profit des animaux. Et aujourd'hui je suis autorisé à le dire dans cette nouvelle édition : les expériences sont décisives. On ne pourra plus imprimer ce que disait ce savant : C'est réellement dommage qu'une telle plante ne soit pas cultivée pour nourrir le bétail!

Or, comme les animaux refusent d'ordinaire une plante, même la meilleure, pour la première fois qu'elle leur est présentée, mon expérience sur les chevaux du mariage aristocratique racontée ci-dessus avait déjà une signification ; elle parlait en faveur de la fourragère et elle était un encouragement à poursuivre l'étude que j'avais commencée.

XI.

Deux cent quatre-vingt-cinq mille trompettes annoncent le Galéga. — M. De la Salle, M. Sanson et les lapins.

Je n'avais eu d'abord pour confidents de mes études que M. Pépin et M. Boitel. Ce dernier a dans la chose une foi sans enthousiasme, mais très-prononcée, et je dois l'en féliciter ici ; quand mon courage faiblissait, entamé par ces mille contrariétés qui surgissent dans toute affaire ici-bas, c'est lui qui le relevait par ces mots : Je crois, j'ai confiance et l'agriculure un jour nous saura gré de nos efforts ; il avait raison, si toutefois l'humanité savait jamais gré de ses efforts pour le bien public à un humble serviteur.

Comment conduire cette entreprise pour le profit agricole ?

Je voyais pousser notre plante. Mais quel sera son rendement ; comment propager sa valeur ? Faut-il consulter les Sociétés savantes ? — La plante n'est pas vulgairement connue ; il faudra passer par les commissions, les rapports, séances diverses; il faudra attendre dix-huit mois pour une solution, et laquelle? que des expériences suivies n'ont pas été faites, qu'il est à désirer qu'on les fasse !

On me relancera dans le *Bon Jardinier*, on m'écrasera avec les *Dictionnaires*, on me pulvérisera sous les coups de Bosc. Il y faudra passer (1).

Dans ces réflexions, et j'ose dire dans mon impatience, je m'adresserai au public agricole.

M. Paul Dalloz, directeur du *Moniteur universel*, toujours prêt à servir toute tendance généreuse en faveur des arts, de l'industrie ou de l'agriculture, m'ouvrit les colonnes du *Moniteur* du soir. Je fis plusieurs articles touchant mes observations sur le galéga. Par ses deux cent quatre-vingt-cinq mille trompettes et plus, le journal officiel du soir fit résonner jusque dans le plus humble hameau le nom du Galéga, plante fourragère. M. Paul Dalloz a fait en sorte, par sa bienveillance particulière, que le galéga s'est produit dans la classe agricole. Sans cette bienveillance, le *Moniteur des communes* n'aurait pas publié un article étendu de nous qu'il a emprunté au *Moniteur* du soir du 6 avril 1867, et ensuite plusieurs autres.

Divers journaux de Paris et des départements s'associèrent à cette propagande, entre autres la *Gazette des campagnes*, le *Journal du Loiret*, l'*Union agricole de Chartres*, la *Maison de campagne*, la *Revue d'économie rurale*, le *Journal d'agriculture* de M. Barral, le *Sud-Est* de Grenoble, le *Cultivateur agenais*, et surtout l'*Industriel de Cambrai*, etc. Je remercie les rédacteurs de ces feuilles de leur concours intelligent et dévoué.

Dès lors, les grainiers épuisèrent leurs petits cornets, et les amateurs, ou, pour mieux dire, des amis de l'agri-

---

(1) C'est ce qui est arrivé; en copiant Bosc, j'ai été jugé et condamné sauf appel par un juge-de-paix normand, le *Dictionnaire* de Bosc à la main, puis par le président du Comice de Mirecourt, anathématisant d'une manière sublime les 80 instituteurs de l'arrondissement de Cambrai qui apprirent par des expériences que Bosc s'est trompé.

culture, vinrent visiter le galéga planté à Saint-Eloi.
Parmi les visiteurs, je le note à la gloire du progrès et
du beau sexe, nous comptâmes, indépendamment d'hommes de qualité, des marquises, des baronnes, des com-
tesses. L'un des visiteurs, M. De la Salle, conservateur
des hypothèques à Fontainebleau et propriétaire dans le
Loiret, ayant paru désirer des pieds de mes semis de
l'année, je lui en arrachai plusieurs que je levai en
motte, après avoir mouillé la terre. Ce propriétaire les
planta dans son jardin, où ils reprirent parfaitement, à
ce point que ces pieds ont montré la plus belle venue. Il
en détacha plusieurs pousses et les donna à des lapins,
qui, selon son expression, les ont *dévorées*. « C'est là
l'expression, m'écrivait-il, car ils ont quitté les feuilles
de chou qu'ils aiment beaucoup, pour les feuilles de
galéga. »

M. De la Salle, aujourd'hui mort, avait pour ami M. A.
Sanson, et il avait, à juste titre, une grande confiance
dans ce savant professeur de zootechnie et d'art vétérinaire. Il lui écrivit pour le consulter sur la culture et
sur la valeur nutritive du galéga, afin de savoir surtout
si, comme le lui avait dit un jardinier, cette fourragère
était nuisible aux bêtes qui en mangeaient. Le 21 septembre 1866, l'honorable professeur répondit à M. De la
Salle la lettre suivante, que nous croyons devoir reproduire en entier :

21 septembre 1866.

« Monsieur,

« La question que vous me faites l'honneur de me
poser n'est pas, pour une de ses parties, de ma compétence spéciale. Je serais fort embarrassé pour vous gui-
der dans l'appréciation de la culture du galéga, au point
de vue purement agricole ; vous en savez, sur ce sujet,
beaucoup plus long que moi. Mais, si je ne me trompe,

ce n'est point cela que vous attendez. On vous a dit que le fourrage fourni par la plante dont il s'agit est difficile à digérer, et vous avez l'obligeance de penser que je serai en mesure de vous éclairer à cet égard.

« Malheureusement, Monsieur, l'expérience manque pour asseoir une opinion tout-à-fait motivée quant à la valeur alimentaire du galéga ; l'on ne peut avoir sur le sujet que des indications purement théoriques. Je vous dirai donc que le fait de votre horticulteur ne me paraît pas avoir *à priori* une bien grande valeur. Le trèfle et la luzerne donnent aussi de fréquentes indigestions ; pourtant nul ne s'abstient de les cultiver pour ce motif. Cela n'arrive qu'aux fourrages fortement nutritifs, et commande seulement de les administrer avec certaines précautions. Les lapins, dites-vous, mangent le galéga avec avidité : c'est une forte présomption en sa faveur.

« Je crois donc devoir vous engager à poursuivre votre expérience, dont les résultats bien observés pourront être fort importants. J'oserai vous prier, lorsque vous en aurez recueilli les résultats aux divers points de vue qui vous préoccupent, d'en faire bénéficier les lecteurs de la *Culture*. La question est neuve et l'expérience en toute chose est le souverain juge.

« Je vous prie d'agréer, Monsieur, l'assurance de mes sentiments dévoués.

« A. Sanson. »

« Ainsi que le dit M. Sanson, ajoute M. De la Salle, c'est une plante qui n'est pas connue, et qui, sous tous les points, mérite d'être essayée.

« J'ai visité, poursuit-il, un manœuvre habitant tout près de la Missaudière (sa propriété dans l'arrondissement de Montargis). Il a dans son jardin plusieurs pieds de galéga qu'il a pris dans le jardin d'un château voisin. Cet homme m'a dit que c'était une plante dont il ne pouvait se débarrasser. Il l'arrachait et la donnait à sa vache, qui ne s'en est jamais trouvée incommodée.

« Sur l'observation que je lui ai faite que du moment que cette plante venait avec tant de vigueur, que sa vache la mangeait avec plaisir, il ne lui soit pas venu à l'idée de la cultiver, il m'a répondu : *Ce n'est pas la mode dans le pays.*

« Il m'a promis de récolter la graine de quelques pieds qui lui restent et d'en semer aussitôt qu'il en aura.

« Je présume que mes semences ont été faites trop tardivement l'an dernier, et que c'est là le seul motif qui a empêché la graine de lever à la Missaudière. La planche de mon jardin à Fontainebleau est très-jolie, la plante mesure en ce moment (27 avril) 30, 35 et même 38 centimètres de hauteur. Les pieds que je dois à votre obligeance ont talé considérablement et sont bien plus forts que ceux que j'ai semés (1). »

XII.

M. Frère et ses chevaux. — Expérience sur le Galéga pour l'usage du bétail.

Cependant, ma culture à Saint-Eloi prospérait. Dès le principe, je l'avais fait voir à un voisin, à M. Frère, négociant en fourrages, rue de Reuilly, n° 38, et, dans la conduite de mes aspirations, j'ambitionnais le suffrage de cet homme de bien, parce qu'il est essentiellement praticien et que, créateur du plus important établissement pour les articles alimentaires des chevaux, grains, fourrages et issues, c'est un industriel intelligent, versé dans une connaissance approfondie des produits agricoles référant à sa spécialité. Nul, à mon sens, et je ne

---

(1) J'ai remarqué, en effet, que le repiquage des pieds exerce une certaine influence sur leur végétation, qui, loin d'en souffrir, s'en trouve singulièrement fortifiée. (*Note de l'auteur.*)

me trompe pas, n'apprécie mieux, pour l'usage, la valeur d'un fourrage ou d'une avoine (1).

Par un dévoûment, qui lui est naturel, pour tout ce qui est utile, M. Frère suivit ma culture, fit mes récoltes de galéga et les serra dans son magasin, qui occupe une superficie de deux mille mètres carrés. J'avais là un bon auxiliaire.

Que la plante fût vigoureuse, que la fane en fût abondante, que la culture en fût facile, enfin que la récolte n'offrît aucun embarras, tout cela était incontestable. La question suprême, importante, était de savoir si les bêtes peuvent et veulent la manger. Et si une seule bête herbivore l'acceptait, la logique des analogies autorisait à conclure que toutes s'en pourraient nourrir. Or, dans l'expérience qui suit, il s'agit de sept chevaux nullement affamés.

Les sept chevaux de trait de M. Frère nous servirent donc à expérimenter le fourrage sec du galéga. Déjà et d'un autre côté, pour élucider notre étude, M. Gaucheron, professeur d'agriculture et de chimie agricole de la ville et du Comice agricole d'Orléans, avait analysé du fourrage sec de *Galega officinalis* provenant du jardin de Saint-Éloi. En prenant, a écrit M. Gaucheron, résumant son travail, pour équivalent nutritif du foin des prairies, le chiffre de 100 kilog., l'équivalent nutritif du galéga serait 62 kilog. 500 gr.; en d'autres termes, la valeur nutritive du galéga est d'un tiers supérieure à celle du foin prototype. Voici le procès-verbal des expériences faites dans l'établissement de M. Frère.

(1) Livré tout entier et sans réserve à son importante industrie, M. Frère a inventé les *épurateurs de grains*, surtout de l'avoine et de la graine de foin. Il est parvenu à débarrasser l'avoine et l'orge et le blé, non-seulement de toute poussière, mais de tout corps étranger nuisible à la mastication des grains par les bêtes. En raison de ces faits et des améliorations hygiéniques qu'il apporte sans relâche dans l'alimentation des chevaux, M. Frère est honoré d'une médaille de première classe par la Société protectrice des animaux, à Paris, et d'une médaille d'argent de l'Exposition universelle de 1867.

PROCÈS-VERBAL DES EXPÉRIENCES

faites dans l'établissement de M. Frère, négociant en fourrages, rue de Reuilly, 38, à Paris.

« Le soussigné, négociant en fourrages, propriétaire, rue de Reuilly, 38, à Paris, certifie ce qui suit :

« Depuis deux ans, j'ai suivi avec assiduité la culture que fait M. Gillet-Damitte d'une plante fourragère légumineuse, nommée *Galéga officinalis.* M. Gillet-Damitte avait commencé par ensemencer 2 mètres carrés dans le jardin de M. Denys, curé de Saint-Eloi, mon voisin. Dès la première année, je fus frappé de l'abondance de fourrage que donne cette plante vigoureuse. M. l'abbé Denys ayant offert, par dévoùment à l'agriculture, autant de terrain que M. Gillet-Damitte en voudrait consacrer à cette culture, j'ai vu ce dernier l'étendre et récolter dans la même année quatre coupes de fourrage sur la même superficie.

« Par un compte fait et mis sous mes yeux, le galéga de Saint-Eloi a fourni en fourrage vert : 1re coupe, le 21 avril, dans la proportion de 26,000 kilogrammes à l'hectare ; — 2e coupe, le 31 mai, 13,000 kilogrammes ; — 3e coupe, le 19 juillet, 19,500 kilogrammes ; — 4e coupe, 21 septembre, 13,500 kilogrammes.

« J'estime que dans un terrain plus aéré qu'un jardin de Paris le rendement serait plus abondant. M. Gillet-Damitte a mis sous mes yeux les chiffres de l'analyse qu'a faite de ce fourrage M. Gaucheron, professeur de chimie agricole à Orléans, desquels chiffres il résulte que le galéga contient 33 0/0 de matière nutritive de plus que le bon foin de pré.

« Le 16 septembre dernier, M. Gillet-Damitte, M. Boitel, chargé de la culture des parcs de la ménagerie du Jardin-des-Plantes, et moi, nous avons offert à mes sept chevaux du fourrage sec du galéga. Ils l'ont mangé avec avidité, quoique d'ordinaire les bêtes rejettent même le meilleur produit quand on le leur présente pour la première fois. Le 20 septembre suivant, la même expérience fut faite par M. Lainé, mon beau-frère, en présence de M. Gaultier de Claubry, officier de la Légion-d'Honneur, professeur à l'école supérieure de pharmacie de Paris (1).

« En raison de l'abondance de son produit, de sa qualité nutritive reconnue par la science ; par sa grande analogie avec la luzerne, enfin d'après l'expérience faite et renouvelée sur mes sept chevaux nullement affamés, je suis persuadé que le *Galéga officinalis* peut être appelé à rendre de grands services à l'économie rurale, puisqu'au dire de M. Pépin cette plante, qui ne pivote pas à l'instar de la luzerne, *croît en tout terrain.*

« Fait à Paris, le 25 septembre 1868.

« Frère. »

Avant de quitter Paris pour aller assister à la séance du comité central et agricole de la Sologne, M. le sénateur Boinvilliers ayant voulu se rendre compte par lui-même de la culture de cette plante fourragère, a visité le jardin de M. Denys, curé de Saint-Eloi, à Paris, et, ainsi qu'il l'a déclaré en présidant cette savante compagnie dans le château impérial de La Motte-Beuvron, séance du 21 juillet 1867, il a été frappé de la beauté du galéga et de son rendement extraordinaire comme fourrage. Il a vu les pieds, livrés à leur entière évolution, couverts de fleurs et mesurant jusqu'à deux mètres de hauteur; il a vu également une surface verte qui, après avoir donné une première coupe en mai dernier, dans la proportion de 14,280 kil. à l'hectare, a été fauchée en sa

---

(1) Cette expérience a été répétée ensuite maintes fois, notamment le 31 octobre suivant, devant M. Guérin-Méneville, président de la Société protectrice des animaux.

présence et a fourni, proportion rapportée à l'hectare,
12,220 kilog. de fourrage. Puis, l'honorable sénateur est
allé visiter l'établissement de M. Frère, négociant-expert
en grains et fourrages, et là, sous ses yeux, on a servi
plusieurs rations de galéga vert et de galéga sec à neuf
beaux chevaux qui l'ont mangé avec avidité. Cette expérience concluante a déterminé M. Boinvilliers à recommander cette plante fourragère à l'attention de ses collègues, et il a déposé sur le bureau deux échantillons de
galéga. M. Gillet-Damitte, présent à la séance, a été
autorisé à donner quelques explications sur la valeur
nutritive du fourrage qu'il cultive.

Dans cette réunion, un membre, agité par une atteinte
d'incrédulité, interpellant l'honorable président, lui dit :

— Avez-vous vu des chevaux manger du galéga?
— Vu, de mes yeux vu, répondit le président.
— Vu manger du fourrage vert?
— Oui, vu.
— Du fourrage sec?
— Oui, du fourrage sec.

XIII.

Correspondances de Praticiens.

Nous avons noté que cette expérience avait été maintes
fois répétée. Nous la faisons chaque fois qu'un visiteur
demande à la voir. Nous croyons devoir reproduire ici
quelques lettres, qui nous ont été adressées il y a deux
ans par des personnes compétentes.

THÉRAPEUTIQUE HIPPIATRIQUE D'ORGÈRES.

A M. Gillet-Damitte, rédacteur au Moniteur universel.

« Orgères (Eure-et-Loir), le 2 août 1867.

« Monsieur et honoré compatriote,

« Je suis parti de Saint-Éloi bien convaincu que le
Galéga que vous cultivez est une plante avantageuse

sous tous les rapports , car c'est une légumineuse d'une belle venue et analogue à la luzerne. L'avidité avec laquelle les chevaux si bien nourris de M. Frère en ont mangé du fourrage sec et vert , en ma présence , m'a démontré que ce fourrage doit plaire aux animaux , car d'ordinaire un herbivore rejette toute plante qui lui serait désagréable , surtout celle à laquelle il n'est pas accoutumé. Ainsi , je vois tous les jours les chevaux de la Beauce nourris au sainfoin refuser de manger le foin de pré qu'on leur offre dans ma maison.

« Je vous prie de vouloir bien me procurer autant de kilogrammes que vous pourrez de la graine de cette fourragère , qui est certainement appelée à rendre de très-grands services.

« Il en est de même de l'établissement modèle de M. Frère; je lui disais plaisamment : Vous travaillez pour la santé des chevaux et à la ruine du vétérinaire; *Ecce positus est in ruinam et in resurrectionem multorum...*

« Il serait plus utile d'encourager de pareilles industries que de fonder des sociétés hippiques et des courses au galop , qui , sous l'apparence d'utilité publique , n'ont souvent pour mobile que l'intérêt privé , l'égoïsme et la passion du jeu.

« Agréez , Monsieur et cher compatriote , l'assurance de mes sentiments d'estime et de considération.

« Votre tout dévoué,

« A. BESSETEAUX. »

SOCIÉTÉ D'HORTICULTURE DU CENTRE DE LA NORMANDIE.

A M. Gillet-Damitte, à Paris.

« Monsieur,

« Encore sous l'impression de l'étonnement que m'a causé l'expérience à laquelle j'ai assisté avant-hier, j'ai voulu la répéter aussitôt rentré chez moi. Comme chez M. Frère, les chevaux ont mangé le galéga avec avidité.

La cause qui, à mon avis, a empêché les cultivateurs de tenter, avant vous, Monsieur, l'emploi de cette plante comme fourrage, est la dureté qu'acquièrent ses tiges en vieillissant.

« En les employant, comme vous le faites, à l'état semi-herbacé, cet inconvénient n'existe plus.

« Et en sol ordinaire vous obtiendrez précocité, rusticité et grand produit.

« Cette plante est tellement apte à croître partout, que j'en ai obtenu dans les dunes, au bord de la mer, des touffes dont la végétation dépassait de beaucoup celle de tous les autres végétaux herbacés.

« Maintenant que, grâce à vos expériences, nous savons quel parti nous pouvons en tirer, je ferai cultiver cette plante dans les champs, et, dès l'an prochain, je la ferai présenter aux animaux dans nos concours.

« Je voudrais qu'à l'occasion de l'Exposition universelle vous fissiez, à Billancourt, devant les délégués de la Société d'agriculture une expérience semblable à celle à laquelle j'ai assisté. Ce serait rendre service à nos agriculteurs.

« Je vous prie d'agréer, Monsieur, mes civilités respectueuses et dévouées.

« JULES OUDIN,

« Directeur de la Société d'horticulture
du centre de la Normandie,
Propriétaire de l'Établissement agricole et horticole
de Saint-Desir, près Lizieux. »

2 août 1867.

« Paris, le 6 août 1867.

« *A M. Gillet-Damitte, à Paris.*

« Monsieur,

« Tout ce qui se rattache au bien-être et à l'amélioration des animaux domestiques a pour moi le plus vif intérêt. Aussi veuillez me permettre de vous remercier sincèrement de m'avoir fait assister à vos expériences sur la culture du Galéga, pour la nourriture des chevaux.

« Cette plante que vous vous efforcez de propager me paraît remplir toutes les qualités voulues pour être accueillie favorablement des cultivateurs.

« Les chevaux la mangent avec avidité ; ses hautes tiges bien fournies donnent du fourrage en abondance ; elle est rustique, se plaît partout et s'accommode de tous les terrains. Sa culture en grand sera à coup sûr un grand bienfait.

« Il ne faut pas l'oublier, les fourrages nous manquent en agriculture ; si nous en avions davantage, nous nourririons plus de bétail, nos chevaux ne souffriraient pas de la faim, comme il arrive encore trop souvent ; nous aurions plus d'engrais, plus de produits de toutes sortes, sans qu'il nous en coûtât plus.

« J'ai présenté les petites bottes de Galéga, vert et sec, que vous m'aviez données, à plusieurs chevaux de la Compagnie impériale des voitures, à un cheval de remise arrêté devant une porte, et tous se sont jetés dessus comme ceux de M. Frère, votre voisin ; ils ont abandonné leur avoine qui leur était servie pour prendre le galéga que je leur offrais.

« Cette plante me paraît être aussi nourrissante que la luzerne, dont elle semble n'être qu'une variété ; verte ou sèche, elle est également affectionnée des animaux et fournit un foin excellent.

« Persévérez donc, Monsieur, dans votre œuvre de vulgarisation ; ne redoutez ni la critique, ni la résistance qui accueillent d'ordinaire les innovations. Je suis persuadé qu'un jour tout le monde vous en sera reconnaissant.

« Veuillez agréer, Monsieur, mes civilités empressées,

« P. Charlier,

« Vétérinaire de la Compagn.e générale des
voitures, Membre de la Société impériale et
centrale de médecine vétérinaire (1). »

(1) Inventeur de la *ferrure périplantaire*.

« 23 août 1867.

« *A M. Gillet-Damitte , officier de l'Université.*

« Monsieur,

« Les intelligents efforts que vous faites pour propager en France la plante *si utile* et pourtant si négligée du *Galéga officinalis*, me paraissent devoir vous mériter les plus sympathiques suffrages. Permettez-moi, Monsieur, de vous dire que, dans un avenir peu éloigné, les plus *incrédules* se rendront à vos sages démonstrations. J'étais du nombre de ces *incrédules*, mais l'expérience qne je viens de faire chez M. Frère, rue de Reuilly, 38, m'a prouvé que s'il est quelques chevaux qui refusent de prime abord de manger du galéga, la plupart se jettent avec avidité sur ce nouveau fourrage.

« Persévérez, Monsieur, dans votre noble tâche, vous surmonterez ainsi tous les obstacles d'une amère indifférence, et les vœux et la reconnaissance de nos populations rurales accompagneront votre généreux projet.

« Veuillez agréer, Monsieur, la nouvelle assurance de mes sentiments les plus distingués.

« J. CASANOVA,

« Laboureur,

« Au château de Montilfaut, près Bourges (Cher) (1). »

(1) M. J. Casanova est un infatigable praticien et de plus un écrivain agricole distingué. Nous nous plaisons à citer plusieurs de ses œuvres; il est auteur de :

1° *L'Amélioration des populations rurales et de la Prospérité foncière en France par les asiles agricoles*, 1 vol.; 2° *des Ateliers d'agriculture*, 1 vol.; 3° *les Premiers pas dans l'agriculture*, 1 vol.; 4° *les Veillées de la Chaumière*, 4 vol.; 5° inventeur de la charrue épierreuse à usage multiple; 6° inventeur de la charrue Trisocs, etc., etc.; collaborateur de plusieurs journaux d'agriculture.

De son côté , le Maire de la commune de Trinay, près Artenay (Loiret), cultivateur aussi expérimenté que prudent, nous écrivait, à la date du 12 octobre 1867, la lettre dont voici les termes :

« Monsieur,

« Quoique je sois né dans une famille d'agriculteurs et que je pratique la culture depuis trente-huit ans pour mon compte personnel, je n'avais jamais entendu parler du fourrage *Galéga*, quand, pour la première fois, vous l'avez nommé devant moi.

« Sur vos indications, avec la graine que vous m'avez procurée, et pour m'associer à vos études sur cette belle plante, j'en ai ensemencé 1 are 80 centiares dans une terre de médiocre qualité, mais convenablement préparée. J'ai semé dans les premiers jours de mai, c'était un peu tard ; néanmoins la semence a bien levé et la culture a réussi. La plante, arrivée vers le 20 juillet, à 50 centimètres de hauteur, m'a donné une belle floraison. L'ayant fait faucher vers le 25 septembre, j'al obtenu 49 kilogrammes de fourrage sec, de bonne qualité, et 3 kilogrammes 1/2 de graines ; ce qui, pour un hectare, donnerait 2,200 kilogrammes de fourrage sec et 150 kilogrammes de graine. Ce rendement considérable, eu égard à toutes les considérations ci-dessus, m'a paru relativement extraordinaire, surtout au point de vue de la graine ; car l'on ne récolte jamais de graine, la première année que l'on sème de la prairie, soit sainfoin, luzerne ou trèfle. Vous m'aviez prié de vous envoyer ce fourrage, mais je ne puis vous en donner que 10 kilogrammes. Je n'ai pas pu résister au désir d'en offrir à mes bestiaux, qui ont mangé les 39 autres kilos. Ainsi qu'il arrive toutes les fois qu'on donne au bétail une nourriture à laquelle il n'est pas accoutumé, les bêtes ont semblé d'abord refuser le *Galéga*, mais bientôt elles ont mangé avec avidité tout ce que j'ai pu leur présenter.

« C'est pourquoi, au printemps prochain, je vais ensemencer 25 ares de cette plante légumineuse, que je suis heureux d'avoir, par vous et avec vous, introduite dans nos contrées.

« MARCHON,

« Cultivateur, Maire de Trinay, près Artenay (Loiret). »

XIV.

Les herbivores du Jardin-des-Plantes et le Galéga.

Un dimanche de septembre 1866, j'emportai de Saint-Éloi une provision de galéga frais au Jardin-des-Plantes. Nous en offrîmes à tous les herbivores de la ménagerie. Nous commençâmes par les yaks de la Chine, qui le mangèrent; puis nous passâmes aux chèvres et moutons divers, qui tous acceptèrent, sans nulle cérémonie, ce mets nouveau.

Les sauvages bisons d'Amérique eurent pour nous la même courtoisie. Avaient-ils déjà vu et mangé le galéga dans les solitudes du Nouveau-Monde?

Les zébus ou vaches du cap de Bonne-Espérance firent le même honneur à notre offrande, de même que le mélancolique lama et son congénère l'alpaca, acclimatés au bois de Boulogne, connus aussi sous le nom de chameaux d'Amérique. J'ai maintes fois offert du galéga vert et du sec aux zébus; on ne pourrait dire avec quelle avidité ces sujets de la race bovine le mangent; ils le dévorent. Un éleveur normand, témoin un jour de cette expérience et émerveillé, s'écriait publiquement : Une vache, qu'elle soit de Paris ou d'Afrique, c'est toujours une vache. Je suis bien certain de faire manger ce fourrage à mes normandes.

Les buffles en train de manger quittèrent leur foin pour se régaler de galéga vert; on eût dit un Italien de la Lombardie qui retrouve la polpette de Milan dans un restaurant de Montmartre. Or, les buffles du Jardin-des-Plantes ne viennent-ils pas d'Italie ?

Trois hôtes de la Ménagerie impériale se signalèrent par leur appétit pour le galéga ; ce furent un âne vulgaire, l'hémione et un jeune dromadaire. L'éléphant l'honora de son suffrage empressé. Parmi les herbivores, il n'y a que l'hippopotame auquel nous n'avons pas fait hommage de notre plante. Quelqu'un nous demandera peut-être pourquoi. C'est que nous ne pensons pas, malgré notre foi dans tout progrès, que l'hippopotame herbivore se naturalise de sitôt sur les bords de la Seine, ou sur les rives de la Loire et de la Garonne. Pour la même raison, nous avons brûlé la politesse au rhinocéros. Pourtant le voyageur Chardin assure que, dans l'Inde et dans la Perse, il a vu ce stupide animal employé comme bête de trait.

Les expériences de cette nature, je les ai renouvelées souvent et en toute occasion. Chaque matin, un bottillon de fourrage sec à la main, je visitais les chevaux, grands et beaux percherons de M. Frère. Ces nobles animaux, déjà connaissant ma voix, m'attendaient pour recevoir un cadeau de galéga, et il n'est pas jusqu'à Cocotte, vieille jument de trente ans, invalide en retraite, chez son maître reconnaissant de ses bons services, qui ne prît sa part, malgré ses dents usées, de mes libéralités.

Mes courses m'appelaient-elles du côté du Jardin-des-Plantes, j'emportais sous ma redingote une petite charge de galéga vert ou sec. Je le distribuais aux hôtes herbivores qui, réunis là des cinq parties de la terre, faisaient un repas international de la *capraggine* italienne sous la protection de la France.

Mes coopérateurs, M. Frère, M. Boitel et moi, nous avions notre foi confirmée. Je fis deux choses: 1° je fis une note que le *Moniteur* du soir et celui du matin publièrent; 2° je demandai à M. Tisserand, chef de la division agricole des domaines impériaux, d'autoriser une expérience sur le bétail des races bovine et ovine de la ferme impériale de Vincennes. M. Tisserand, avec un empressement on ne peut plus bienveillant et avec cette bonne grâce parfaite qui le caractérise, obtempéra à cette demande et en donna avis à M. Houdbine, régisseur de cette importante fondation agricole.

XV.

A la ferme impériale de Vincennes.

Le jour fut assigné au 8 octobre 1866. Nous nous rendîmes à Vincennes, M. Frère et moi. Nous présentâmes d'abord du fourrage vert de galéga à toutes les vaches et taureaux de la galerie. Ces bêtes l'acceptèrent, en mangèrent; mais elles donnèrent leur préférence au fourrage sec de cette plante. Quand M. Houdbine vit ce qui se passait : « C'est bon signe, dit-il, car je suis bien persuadé que ces bêtes en voient pour la première fois. Vous n'ignorez pas quelle répugnance les animaux marquent à toute nourriture à laquelle ils ne sont pas encore accoutumés. Le chou cavalier, dont les feuilles amples sont vantées, à juste titre, comme un excellent aliment pour les vaches, je l'ai cultivé à l'effet d'en nourrir l'étable. Eh bien, croiriez-vous que ces bêtes ont passé plus de huit jours sans vouloir y toucher, à ce point que, forcé de modifier le régime, j'ai été près de me croire contraint de renoncer à en nourrir mes bestiaux? »

Je rappelai, à ce sujet, le récit que me fit M. Moll, professeur d'agriculture au Conservatoire et membre du comité central agricole de la Sologne. « Je voulais engraisser des bœufs, me dit l'éminent agronome ; je pensai que l'avoine devait être une excellente nourriture pour obtenir ce résultat. Je leur en fis servir une ration. Mes bœufs furent au moins quinze jours sans y vouloir toucher, parce que jusqu'alors ils n'en avaient pas mangé. »

De ces faits, il faut conclure que s'il arrive qu'une bête refuse d'abord le galéga, on peut, en usant de persévérance, vaincre sa répugnance, surtout en mélangeant le galéga avec un autre fourrage.

Des bêtes bovines, nous passâmes aux moutons. M. Houdbine avait dans une petite bergerie vingt agneaux âgés de huit mois. Par trois fois l'on garnit leur râtelier de galéga vert en quantité modérée. Ils mangèrent tout sans en gaspiller une seule branche. L'expérience nous semblait péremptoire. Selon ce qui fut convenu entre nous, M. le régisseur administra à ces vingt mêmes moutons une ration non déterminée, non plus excessive, de galéga à l'état sec, le 9 du même mois d'octobre au soir, et ce même soir, à deux moutons isolés du même âge, il fit servir une ration du même fourrage, à peu près égale à celle qu'on leur donne en fourrage ordinaire.

Le 10 octobre, M. Houdbine m'adressait la lettre suivante :

« Ferme Impériale de Vincennes.

A M. Gillet-Damitte.

« Monsieur,

« Je m'empresse de vous informer qu'hier j'ai continué l'expérience sur l'usage du galéga.

« Les deux petites bottes de foin qui restaient lundi soir ont été distribuées hier à deux agneaux de huit mois, qui les ont parfaitement mangées.

« Hier, je n'ai rien remarqué de l'effet que pouvait produire sur ces deux bêtes le foin du galéga ; seulement, ce matin, je viens de trouver un de ces deux agneaux morts, et un deuxième mort également parmi les vingt agneaux à qui nous en avons fait manger ensemble lundi soir.

« Chez les vingt qui restent et qui en ont mangé, aucun ne donne en ce moment de symptômes d'indisposition.

« En présence de ce qui vient d'arriver, il importe, dans l'intérêt de la science, de s'occuper de savoir si ces deux agneaux ont été tués par l'effet du *Galéga*, ou sont morts par d'autres causes.

Veuillez alors, monsieur, je vous prie, m'aider dans ces recherches.

« Recevez, monsieur, etc.

« *Le Régisseur*,   HOUDBINE. »

Cette lettre semblait de nature à déconcerter le plus croyant; elle commença par m'affecter, mais bientôt la réflexion dissipa les impressions que j'en avais reçues. Sans tarder, je courus à la ferme Impériale avec l'intention arrêtée de faire faire, par le médecin-vétérinaire de l'établissement, l'autopsie des deux agneaux morts. Mais, pour un motif ou pour un autre, M. Houdbine avait disposé de la dépouille des deux bêtes. Il ne put donc être rien statué à ce sujet par la science vétérinaire.

Notre récolte de fourrage était épuisée en grande partie. Etait-il facile, possible de renouveler l'expérience ? N'avions-nous pas accumulé les faits concluants chez M. Frère et à Vincennes?

Je dois citer en passant, l'autorité d'un habile et savant vétérinaire, M. Charlier, cité déjà page 44. Consulté par moi, il me dit : « L'avoine est-elle nuisible aux chevaux ? non, mille fois non. Dans l'administration de la compagnie générale des petites voitures de Paris, la provision d'avoine étant épuisée, on acheta et l'on servit à nos chevaux de l'avoine de Beauce, beaucoup plus substantielle que celle qu'ils mangeaient auparavant. Un grand nombre de nos chevaux éprouvèrent des indigestions et plusieurs même en moururent. Le galéga n'est pas plus malfaisant que l'avoine; il faut l'administrer à petite dose d'abord et en réduire la ration, parce que c'est une plante très-succulente. »

L'égoïste et le spéculateur, qui ne comptent pour rien le dévouement au bien public et qui n'y croient pas, me disaient : « Laissez donc là votre galéga. Que vous en reviendra-t-il de profit ? »

Rien, disais-je, mais l'homme, qui ici-bas ne crée pas sa destinée, ne peut se soustraire aux inspirations du bien. Quand il est honnête, il poursuit, comme malgré lui, le chemin par où il pense servir l'art, la science, le bien public, la patrie.

Sur vingt-deux agneaux qui ont mangé du galéga, deux meurent deux jours après ; mais les vingt autres ne donnent pas signe de la moindre indisposition. Les deux qui sont morts ont-ils succombé aux suites d'une indigestion ? S'ils ont mangé de galéga un poids égal à celui de leur ration ordinaire, il ont absorbé un tiers de nourriture en plus qu'il ne leur en fallait, puisque jusqu'ici nous savons que le galéga est un tiers plus nourrissant que le foin de prairie.

Si le galéga avait un principe malfaisant, il faudrait admettre que parmi les vingt autres moutons vivants qui en ont mangé, au moins quelques-uns auraient été malades plus ou moins légèrement ou gravement. Or, rien de cela n'a eu lieu.

Qu'est-ce qui prouve que les deux bêtes n'étaient pas déjà malades avant de manger du galéga ?

XVI.

M. Pépin, M. Guérin-Méneville et le Sorgho.

Ces réflexions que nous fîmes, M. Frère et moi, M. Boitel les partagea. J'allai informer M. Pépin de ce qui venait d'arriver. L'honorable agronome me dit : « Soyez certain que le galéga n'a aucune mauvaise essence, car il est reconnu que les légumineuses sont des plantes saines aux animaux. La mort des deux agneaux est un double fait qui prouverait seulement que ce fourrage est succulent et partant indigeste. Or, nous le savions déjà.

Est-ce que la luzerne et le trèfle qui, eux aussi, peuvent donner des indigestions, doivent être pour cela des plantes proscrites? Pour moi, il n'est nullement prouvé que les agneaux soient morts pour avoir mangé du galéga. »

Je fis la même communication à M. Guérin-Méneville, président de la Société protectrice et membre de la Société impériale d'agriculture de Paris. Il partagea pleinement l'avis de M. Pépin, et me dit :

« Le sorgho sucré de la Chine, fourrage exquis pour les races des ruminants et propre même à la nourriture des chevaux, a été recommandé à l'agriculture par la Société impériale et centrale d'agriculture. Cela n'a pas empêché que des praticiens qui en ont fait manger à leurs bestiaux n'aient adressé à la Société des lettres pour se plaindre, il y a quelques années, de ce que ce fourrage avait causé la mort de plusieurs de leurs bêtes. C'est le fameux *post hoc, ergo propter hoc* des anciens. On perd un animal qui probablement non soumis à une excellente nourriture serait mort parce qu'il devait succomber à une affection inaperçue ; on attribue sa mort à l'aliment succulent dont jusqu'alors il n'avait pas fait usage. »

Depuis la publication de la première édition de cette brochure, grand nombre d'expériences ont été faites auprès du bétail. Quelques cas de mortalité se sont offerts : ici, par ce qu'on a servi à des béliers des tiges de galéga ayant porté graine, par conséquent dures et très-indigestes ; là, parce que sans ménagement, sans transition on a laissé manger à des moutons du fourrage vert qui a développé chez eux dans des journées brûlantes l'affection dite sang de rate.

Que conclure de là? Sinon que le galéga très-nutritif peut être indigeste ; qu'il faut l'administrer aux bêtes avec économie, et le mêler d'abord avec une autre herbe et en petite quantité.

XVII.

Deuxième analyse du **Galéga**.

Ces raisonnements et ces faits me paraissaient sans réplique. Cependant, j'eus recours aux lumières d'un savant professeur de toxicologie à l'Ecole supérieure de pharmacie de Paris, M. Gaultier de Claubry. Il entreprit l'analyse du galéga à l'état sec et à l'état frais. Il se proposait de faire un travail étendu sur les éléments organiques et minéraux de cette plante. Pendant le cours de ses opérations, son travail resta inachevé par suite de circonstances particulières. Je ne pus avoir aucun chiffre positif de son analyse; mais, maintes fois, il m'a dit qu'il n'avait découvert aucun principe malfaisant dans le galéga : que de l'ensemble de ses études sur cette plante il résulterait pour lui la conviction qu'elle contient, en quantité considérable, des éléments nutritifs pour les herbivores ; que plus il s'était avancé dans ses recherches, plus il avait accru sa persuasion que cette plante est digne du plus grand intérêt au point de vue économique, intérêt d'autant plus grand que jusqu'ici personne ne l'avait analysée.

D'un autre côté, je fis de nouveau appel à l'amitié pour moi de M. Gaucheron et à son dévouement à la cause agricole. Je le priai de me faire une nouvelle analyse de la plante au point de vue des éléments minéraux qu'elle peut contenir.

Analyse de M. Gaucheron, professeur de chimie agricole de la ville et du comice d'Orléans.

« Le galéga, tel que vous me l'avez adressé, à l'état vert, a d'abord perdu, pour arriver à l'état de siccité d'un fourrage ordinaire, les 4/5 ou 80 p. 0/0 de son poids d'eau. Ce fourrage a été ensuite desséché à 100 degrés de chaleur et soumis à la calcination. Il a donné pour 100 grammes un résidu pesant 8 gr. 20 c.

« Le galéga desséché est donc formé, sur 100 parties, de

Matières organiques combustibles	91,8
Matières minérales ou cendres	8,2
Parties....	100,0

« Ces cendres se composent ensuite, sur 100 parties, de

Matières minérales solubles dans l'eau..	44,75
Matières minérales insolubles dans l'eau	55,25
Parties....	100.00

« Les 44,75 parties de matières minérales solubles dans l'eau sont représentées par :

Carbonate de potasse................	34 82
Carbonate de soude................	4,12
Chlorure de sodium................	3,58
Sulfate de soude et chaux	2,23
Parties....	44,75

« Les 55,25 parties de matières minérales insolubles dans l'eau sont représentées par :

Phosphate de chaux................	18,24
Phosphate de magnésie.....	2,35
Carbonate de chaux................	32,14
Oxyde de fer................	0,22
Silice	2,30
Parties....	55,25

« Les cendres du galéga renferment donc, sur 100 parties :

Carbonate de potasse................	34,82
Carbonate de soude................	4,12
Chlorure de sodium	3,58
Sulfate de soude et de chaux........	2,23
Phosphate de chaux	18,24
Phosphate de magnésie	2,35
Carbonate de chaux................	32,14
Oxyde de fer................	0,22
Silice	2,30
Parties....	100,00

« Je vous avertis, monsieur et ami, que, bien que ce soient là les chiffres que j'ai trouvés, je suis certain que les engrais, la nature du sol, les circonstances climatériques et de culture sont autant de causes qui doivent faire varier ces chiffres.

« Ce qui se passe ici pour le galéga se reproduit pour toute espèce de culture.

« Orléans, 6 janvier 1867,

« GAUCHERON. »

XVIII.

L'Académie royale d'agriculture de Florence et le Galéga.

Indépendamment de toutes ces recherches, il me vint tardivement une idée, celle par où j'aurais dû commencer. Je fis un petit mémoire relatant toutes les phases de notre culture du galéga, les expériences diverses opérées par mes amis et par moi, enfin mes observations, et je l'adressai, le 7 décembre 1866, au président de l'Académie royale économico-agricole des Géorgophiles de Florence.

Le président de cette illustre compagnie, M. Lambruschini, me fit l'honneur de me répondre, à la date du 19 dudit mois, une lettre dont j'extrais ce qui suit :

« Monsieur,

« J'aurais voulu consulter l'Académie des *Géorgofili* avant de répondre à votre lettre du 7, afin de pouvoir vous donner de plus amples renseignements touchant le *Galega officinalis* qui vulgairement, est nommé en Toscane *Capraggine*.

« Mais, comme il n'y aura séance qu'en février prochain, je ne veux pas différer jusque-là ma réponse, et je vous dirai ce qui est à ma connaissance.

« Cette plante est très-connue chez nous, et elle entre dans la rotation agraire de quelques provinces, par exemple, dans le Val d'Arno supérieur, où j'ai mes biens. Nous la semons dans le mois de mars, dans les sillons des champs où a été semé le premier blé, ce que nous appelons *di prima barba*, après le *rinnovo*, c'est-à-dire le commencement de la rotation.

« Le galéga croît dans les sillons, surtout après la moisson, et nous l'enfouissons comme engrais dans le dernier labour qui prépare l'ensemencement du deuxième blé. C'est ainsi que, dans le même champ, nous pouvons cultiver le blé, dans deux années consécutives, sans trop d'inconvénient. — Si à la prochaine séance de l'Académie, à laquelle je communiquerai votre lettre, on me fournit d'autres renseignements, je ne manquerai pas de vous les transmettre.

« Agréez, monsieur, l'expression de ma haute considération.

« **LAMBRUSCHINI,**

« Président de l'Académie des Georgofili. »

L'honorable M. Lambruschini, fidèle à sa promesse, daigna, avec la plus gracieuse bonté, m'adresser la seconde lettre qui suit :

« Florence, le 8 mars, 1867.

« Monsieur,

« Enfin, il y a eu séance de l'Académie. Dans cette réunion, j'ai pu interroger mes collègues sur le galéga. Le renseignement que j'ai pu recueillir, c'est que dans nos *maremmes* (marais) on fait sécher le galéga et on le garde pour *fourrage sec* à donner *pendant l'hiver* aux *bêtes ovines*.

« Cela confirme vos observations.

« Dans la séance secrète qui a succédé à la séance publique, je vous ai proposé pour correspondant, et l'Académie, qui était plus nombreuse que d'ordinaire, a accueilli ma proposition. Notre secrétaire a été chargé de vous en donner information (1). »

Du moment où l'Académie royale de Florence *confirmait mes observations*, que le *galéga gardé comme fourrage sec est donné* pendant l'hiver aux bêtes ovines en Italie, nous avions fait un pas si grand dans notre entreprise que je crois le problème résolu.

Ainsi tombe la barrière imposée pendant cinquante-sept ans par Bosc, qui a, par son imprudence et en raison de son autorité de savant, empêché cette admirable plante de prendre rang parmi les fourragères de premier ordre ; n'est-ce pas le cas de dire comme cet académicien lui-même :

« C'est réellement dommage ! »

Le printemps de 1867 était arrivé ; le mois d'avril commençait. Le 3 dudit mois déjà le galéga de ma culture offrait des pousses qui mesuraient 40 centimètres de hauteur.

Un chimiste de l'un des plus importants établissements scientifiques de Paris ayant consenti à faire une nouvelle analyse du galéga, je lui en procurai à l'état frais.

(1) J'ai, en effet, reçu, avec l'avis de ma nomination de correspondant de l'illustre compagnie, le diplôme qui me confère ce titre. Honoré d'une si insigne distinction par l'un des corps les plus savants d'Europe, j'en reporte la faveur sur mon zèle à propager la culture de cette belle plante italienne. Si j'en éprouve de la joie, je conserve dans mon cœur la plus respectueuse reconnaissance pour l'éminent président et pour ses très-honorés collègues, enfants des poëtes, des artistes, des astronomes, dont les noms brillent sur la poétique terre d'Italie. Je dois ajouter que pour tous mes travaux, S. M. Victor-Emmanuel m'a décoré de son ordre des SS. Maurice et Lazare.

XIX.

Troisième analyse du Galéga.

Analyse du Galéga par M. C..., du Jardin-des-Plantes.

Il en prit 67 grammes 5 qu'il fit sécher à l'air. Ces 67,5 perdirent en séchant 59,8, c'est-à-dire qu'ils contenaient 88,6 % d'humidité. Ils furent réduits à 7,7.

Ce résidu, traité par le sulfure de carbone et séché par une chaleur de 100 degrés, a perdu encore 0,8 ou 1,2 % de son poids, ce qui réduit les 7,7 à 6,9.

Ces 6,9 ont donné par l'incinération 0,787 de résidu ou 1,75 % pour la plante fraîche, et 11,4 % pour la plante sèche.

L'extraction de la matière grasse (margarine) de la plante séchée à l'air a fourni 1,83 p. % ;

Et la détermination de l'azote ou matières azotées a été faite en deux sévères observations et très-exactement ;

« J'ai fait deux fois l'analyse, m'a dit M. C..., la première m'ayant donné 5,50 p. % de matières azotées, bien que mon analyse ait été sévèrement conduite, je n'en voulais pas croire mes yeux, car faisant souvent des analyses de végétaux, j'en trouve rarement qui fournissent une telle proportion d'azote ; je recommençai l'analyse du galéga. La deuxième fut faite avec autant de soins que la première. Je vous autorise à dire que ces opérations sont sérieuses. » M. C... m'a prié de ne pas imprimer son nom ; mais il ne m'a pas défendu de le dire. Je le dirai à celui qui révoquera en doute la vérité.

La 1re a donné 5.50 p. % d'azote.

La 2e a donné 5,33 p. % d'azote.

En moyenne, le galéga séché à l'air a fourni, chiffre énorme, 5,43 p. % d'azote, quand la luzerne ne donne que 1,92 % de matières azotées. Or, comme la valeur nutritive d'un fourrage s'apprécie en raison de la quantité d'azote qu'il contient, on peut dire que la valeur nutritive du galéga, par rapport à celle de la luzerne, est, d'après le savant chimiste C..., comme 5,42. sont à 1,92. Ce qui confirme et amplifie de beaucoup l'assertion de notre ami M. Gaucheron.

Et si l'on considère que ledit galéga contient, en outre, 1,83 p. % de matières grasses de nature à favoriser l'engraissement des bêtes, quelle valeur nutritive ne doit-on pas attribuer à une telle fourragère ! combien ne doit-elle pas être précieuse à l'économie agricole !

Ce n'est pas nous qui le disons, c'est l'éloquence des chiffres ; et ces chiffres ne sauraient être abstraits quand la pratique italienne sanctionnant nos expériences les ratifie en *séchant* le galéga l'été pour le *donner l'hiver* aux *races ovines.*

XX.

Les nouveaux Adeptes du Galéga. — S. M. Napoléon III.

Les faits ci-dessus, expériences répétées sans cesse par nous près du bétail, les résultats donnés par les analyses de M. Gaucheron et de M. C..., chimiste du Jardin-des-Plantes, étaient de nature à exciter notre zèle, et je dois dire à l'enflammer.

Nous poursuivîmes notre propagande avec énergie et nous publiâmes la première édition de cette brochure en atteignant l'année 1868. La graine nous avait manqué jusqu'alors ; nous en avions pour le printemps, et les adeptes se groupaient. Dire que nous avons eu à répondre à plus de quatre cents lettres tant de la France que de l'étranger (nous l'avons toujours fait avec la promptitude possible), c'est noter la puissance d'une idée nouvelle et enregistrer en passant tout le bien que peut opérer la presse dans l'intérêt public ; n'oublions pas que, pour propager le galéga, la presse a gémi autant que nous avons pu la faire agir. Dans notre persévérance, nous ne pouvions oublier ces paroles sublimes du Coran que nous ont citées plus d'une fois nos élèves persans musulmans : « Si quelqu'un de vous, a écrit Mohammed, croit avoir découvert une vérité utile et qu'il n'en fasse pas profiter ses frères, Dieu, au jour du jugement, le bridera d'un mors de feu. »

« La vérité, c'est la vie, a dit l'Évangile. »

L'expérience faite sous les yeux de M. le Sénateur Boinvilliers, avait eu lieu devant un très-petit nombre de personnes. Parmi ces personnes se trouvait un artiste fleuriste, qui, non content d'admirer la vigueur de la plante et la grâce de sa fleur, avait suivi de point en point le fauchage, le pesage de la fane et le repas de galéga fait par les chevaux de M. Frère. Cet homme, jusqu'à ce moment inconnu de tous, fut émerveillé, et très-convaincu qu'il y avait là une source de richesse agricole. Pourrez-vous, me dit-il, me donner deux exemplaires de la brochure que vous préparez ? Je crois pouvoir vous assurer d'avance que l'Empereur Napoléon III la lira.

Je lui répondis : je ne prodiguerai pas ma brochure ; cependant, au nom de l'Empereur que vous invoquez, je vous remetterai trois exemplaires de mon œuvre. L'artiste partit emportant les volumes ; un samedi au matin, il alla à Saint-Cloud où résidait en ce moment S. M. I.

Là à qui s'adressa-t-il ? — Je croyais que jamais je n'entendrais parler d'aucun de mes exemplaires. Le dimanche suivant au matin, à huit heures, l'Empereur avait lu en entier ma brochure, j'en ai la preuve dans mes mains. A midi, on demandait au dépôt, pour S. M. une notable quantité de graine de notre plante.

L'Empereur ne voulant pas que cette graine courut de mains en mains, prit le soin de la garder plusieurs jours sous un fauteuil de sa chambre à coucher, jusqu'à ce qu'il l'eût remise lui-même à M. de Corbigny, Inspecteur de ses domaines à Saint-Cloud, avec la brochure pliée ou notée sur diverses pages, de sa main, au crayon rouge. Par une circonstance particulière, M. de Corbigny vint me voir et voulut bien me faire cadeau de l'exemplaire de ma brochure lue en entier par Sa Majesté.

Vingt trois ares de terre de fort médiocre qualité, furent ensemencés par ordre de l'Empereur, et, malgré le mauvais terrain et la saison brûlante, cette culture réussit bien, « donna des produits que nulle autre fourragère n'aurait fournis et 50 litres de graines, d'une seule coupe. »

« Bien que ce rendement soit peu considérable, dit M. de Corbigny, (Lettre du 26 octobre 1868), en somme, il résulte d'une végétation de quatre mois. On en peut conclure que, comme rendement, le galéga est une légumineuse de 1er ordre, d'une culture facile, même dans les mauvais terrains. » M. de Corbigny récolta sur le pied de 7,318 kil. de fourrage vert à l'hectare.

Comme la graine manque encore en France, l'Empereur avait dit à son Inspecteur : faites de la graine, et M. de Corbigny visa principalement à obtenir de la graine. 50 litres à 720 grammes pour un litre, ce serait par hectare 156 kil. Or, la graine s'est vendue cette année 5 fr. le kilo, supposons seulement 3 fr. le kilo, ce serait un produit de 468 fr. par hect., et pour la graine seulement. Nous croyons devoir ajouter à ce qui précède, la lettre suivante :

« Monsieur,

« Vous n'avez nullement besoin d'insister pour me convaincre du désintéressement avec lequel vous poursuivez l'accomplissement de l'œuvre que vous vous êtes proposée. J'aurais été heureux, je vous l'assure, que le résultat des expériences que j'ai faites l'année dernière, fût de nature à vous venir en aide ; vous avez vu par ce que je vous ai écrit qu'il n'en a pas été tout à fait ainsi : mais pas plus que vous, je ne me suis découragé après cette première tentative. Je continue, cette année, l'étude du galéga dont j'ai à ma disposition un champ superbe et d'une végétation tout-à-fait remarquable. Je soumets cette culture aux épreuves de nature à en faire ressortir les qualités utiles, et à la fin de la saison, j'aurai l'honneur de vous faire connaître, quels qu'ils soient, les résultats de ces études.

« Veuillez agréez, Monsieur, la nouvelle assurance de mes sentiments très-distingués.

« DE CORBIGNY.

« Saint-Cloud, le 6 juin 1869. »

Les détails ci-dessus sont de nature à stimuler l'émulation d'un auteur, car, lorsqu'un souverain si occupé lit en entier un écrit agricole, c'est que cet écrit comporte de l'intérêt ; mais j'en vais tirer une moralité patriotique.

Que l'Empereur lise un livre de l'un de ses courtisans, ou de l'un des puissants du jour, cela se comprend ; mais s'il lit en entier une œuvre d'un instituteur qui traite d'un fourrage, c'est que le souverain, ne dédaignant aucune question agricole sait que « Celui qui fait pousser deux brins d'herbe, comme l'a dit Swift, là où il n'en venait qu'un seul, a fait plus pour l'humanité que le conquérant qui a gagné vingt batailles. »

Je m'estime fier de ce que l'Empereur ait lu mon opuscule, heureux que S. M. ait cultivé le galéga.

Et comme la *Grand'mère* de Béranger montrait à ses petits enfants le verre où avait bu Napoléon Ier, je montrerai aux miens ma brochure *Le Galéga* lue, pliée, notée par Napoléon III.

Je pose donc en premier lieu parmi les adeptes du Galéga.

Sa Majesté l'Empereur Napoléon III.

— Les Comices. Après l'Empereur, il nous est agréable de citer les Comices, car les comices en fédération, c'est la France, cette belle France agricole.

La *Gazette des campagnes* N° 8 du 21 novembre 1868, dit page 3 colonne 2 :

« Nous lisons depuis quelque temps, dans le *compte-rendu* des comices, des réclames quelque peu hyperbo-

liques en l'honneur de la plante fourragère justement vul-
garisée, nous l'avons reconnu, par M. Gillet-Damitte. »

Ainsi les comices de France ont parlé favorablement du *Galéga* dans leurs *comptes-rendus*. Ils en
ont parlé avec enthousiasme et sans nul doute, avec
connaissance de cause. Ils ont bien fait. Notre honorable confrère, M. Hervé, appelle ces comptes-rendus
des comices des *réclames hyperboliques*. Comment
un homme aussi judicieux que M. Hervé a-t-il pu
qualifier ainsi les dires désintéressés des comptes-
rendus des comices de France en faveur du galéga? Nous
déclarons ici fermement que nous n'avons saisi jusqu'ici
aucune société agricole de nos travaux sur le galéga,
ni rien sollicité d'aucune.

Les comices proclamant des faits, signalant avec
énergie la valeur d'une fourragère, peut-on dire qu'is
font des réclames? Oui, au profit de la France agricole.

Quoiqu'il en soit, M. Hervé ne s'est pas moins empressé d'insérer, avec une bienveillance soutenue, les
correspondances de plusieurs de ses abonnés qui lui
ont annoncé qu'ils étaient fort contents de leur culture
de cette plante mangée avec avidité par leurs bêtes.

Je cite ensuite :

— S. Exc. M. le Maréchal Niel, Ministre de la guerre,
parmi les adeptes du galéga. Il chargea une commission
d'étudier ce fourrage, et M. le colonel d'état-major
Appert en fut nommé rapporteur. M. Appert a palpé le
fourrage, a vu les chevaux de l'état-major général en
manger un échantillon. Il nous en demandait 400 kil. que
nous n'avons pu lui fournir.

-- De son côté, M. le Général Isidore Schmitz, qui a
habité Florence, nous a favorisé près de l'Académie
royale d'agriculture de l'Italie. C'est par les soins du
général Schmitz que nous avons pu nous procurer la
graine nécessaire aux premiers essais et lier des rapports
utiles avec l'illustre Académie.

— M. Eugène Tisserand, directeur des domaines agricoles de la couronne au Ministère de la Maison de l'Empereur et des Beaux-Arts, a suivi nos travaux avec constance et avec bonté. Il nous avait accordé une terre de 25 ares à la ferme impériale de Vincennes. L'ensemencement bien levé promettait de devenir une belle culture; mais elle fut en très-grande partie anéantie par les manœuvres des troupes du camp de Saint-Maur.

— M. Beaudouin, inspecteur général de l'instruction publique, président du comice d'Amancey (Doubs), ayant cultivé lui-même, à sa propriété de Bolandoz, le galéga, en fit porter plusieurs bottes au champ du comice lors de l'assemblée du concours annuel. Les bœufs comtois, en présence de la foule, mangèrent sans désemparer, tout ce qu'il y avait là du nouveau fourrage. Le galéga croît dans le Doubs là où le trèfle, la luzerne et le sainfoin sont rebelles à la culture.

— M. le Commandant du génie au camp de Châlons nous fait savoir, au 31 octobre 1868, que le galéga semé en avril, au quartier impérial, dans un terrain très-sec, a mal levé et s'est assez mal comporté; que celui qu'il a fait semer dans le jardin du génie, en terrain humide, a poussé d'une manière très-satisfaisante et vite, atteignant 1 mètre 80 centimètres de hauteur; peu d'entretien. On en a présenté en fleurs aux chevaux et aux vaches de la ferme impériale; elles n'ont pas voulu en manger. On en a donné 45 kilos à quarante béliers, et le soir trois de ces animaux étaient morts. Quelques jours après, on en a donné, mélangé de paille d'avoine, à des vaches qui l'ont mangé et il n'a donné lieu à aucun accident. M. Eug. Tisserand nous a écrit que si le régisseur de la ferme avait suivi ses instructions, aucun accident n'aurait eu lieu.

— M. Choquet, inspecteur de l'enseignement primaire, et MM. les Instituteurs de l'arrondissement de Cambrai (Nord).

*Rapport général sur des essais de culture du Galéga faits
par quatre-vingts instituteurs de cet arrondissement.*

Il y a deux ans, lors de la solennité annuelle du
comice agricole de Cambrai, tenue au Cateau, M. Gillet-
Damitte fit aux instituteurs de l'arrondissement, à l'insti-
tution de M. Debuyser, officier d'académie, une conférence dans laquelle il traita particulièrement de la culture, de l'usage et du profit du galéga, qu'il cultivait,
expérimentait et propageait depuis déjà trois ans. Cette
conférence porta des fruits.

M. CH. ROTH, alors secrétaire du comice agricole et
propriétaire du journal l'*Industriel*, ouvrit sans réserve
les colonnes de cette feuille, afin de vulgariser le plus
possible la belle légumineuse: Ces faits et ses penchants
à favoriser tout progrès sage engagèrent M. Choquet,
inspecteur primaire, à faire un appel à quatre-vingts
instituteurs de son arrondissement, afin que chacun,
dans sa commune, procédât à des expériences de la culture et de l'usage de cette fourragère. Le rapport qui suit
est le résumé général, conclusion de tous les rapports
envoyés à l'inspecteur primaire de Cambrai par MM. les
instituteurs de cet arrondissement.

« *A M. Choquet, inspecteur de l'Enseignement primaire de
l'arrondissement de Cambrai (Nord), officier de l'instruction publique.*

« Monsieur l'Inspecteur,

« J'ai l'honneur de vous retourner, en y joignant le
résumé que vous m'avez demandé, les rapports de mes
collègues sur des essais de culture du galéga. Ces rapports consciencieusement faits témoignent d'expériences
habilement conduites. Laissez moi vous féliciter, Monsieur
l'inspecteur, de les avoir provoquées. Le galéga, déjà
apprécié, comme il le mérite, sur plusieurs points de la
France, était parfaitement inconnu dans notre arrondissement : grâce à vous, il y a fait son apparition, et des

jardins des écoles où on l'a soumis à un examen attentif, il va, je n'en doute pas, prendre sa place au milieu des plantes fourragères de nos campagnes, à côté de la luzerne — cette nouvelle venue aussi — dont il égale, s'il ne les surpasse, les qualités nutritives. Ce beau succès donne une idée des services que les instituteurs peuvent rendre à l'agriculture de notre pays, agriculture déjà prospère, qui a la plus précieuse des céréales — le froment — la plus riche des racines — la betterave — le meilleur des fourrages — le trèfle — mais qui peut encore augmenter ses ressources en accordant droit de cité à de nouvelles cultures dont les avantages viendraient à être connus. Sans doute il ne faut ni dédaigner, ni abandonner ce qu'on possède; mais il ne faut pas non plus, dans la fausse idée qu'on a atteint la perfection, se refuser obstinément à toute innovation. J'ai toujours été frappé du nombre prodigieux d'arbres, d'arbustes et d'herbes que nous qualifions d'inutiles. Sur les cent cinquante mille végétaux qui se trouvent classés ou décrits dans l'herbier du Jardin-des-Plantes de Paris, combien en est-il que nous utilisions? Pas la centième partie. Je me refuse à croire que tout le reste soit justement condamné. On trouverait, je gage, à glaner çà et là plus d'une plante demeurée obscure et qui mieux connue viendrait, par exemple, augmenter notre famille de fourragères cultivées, tout-à-fait excellente, mais trop restreinte, et servirait peut-être à utiliser entièrement des terrains à moitié improductifs. Mais les essais auxquels il faudrait se livrer pour amener des découvertes de ce genre, le cultivateur les tentera-il? Le temps lui manque presque toujours: et d'ailleurs, livré à un art essentiellement pratique, où la plus petite erreur peut être une cause de ruineuses déceptions, il se défie trop de l'inconnu pour s'y engager. Il appartient aux instituteurs de lui offrir un concours modeste et éclairé: j'aime à me représenter l'enclos de l'école devenu, d'ici à peu de temps, un vrai jardin d'expérimentation, que les cultivateurs visiteront avec fruit et d'où sortiront, non-seulement les meilleures espèces de légumes et d'arbres fruitiers, mais aussi, parfois, une plante étrangère utile qui s'y sera acclimatée.

« C'est la pensée qui vous animait, Monsieur l'inspecteur, lorsqu'au commencement de cette année, voulant contrôler par la comparaison des essais de culture qui vous avaient réussi, vous vous êtes décidé à confier à *quatre vingts instituteurs*, en les chargeant de se livrer aux mêmes essais, *de la graine de galéga que vous teniez de la libéralité du comice agricole de Cambrai* (1). Vous devez être doublement heureux et de l'empressement avec lequel les instituteurs se sont rendus à votre invitation, et des bons résultats qu'ils ont obtenus. Le galéga, cultivé dans les trois quarts des jardins des écoles de l'arrondissement, est sorti victorieux de cette épreuve décisive. Aujourd'hui les expérimentateurs le présentent avec confiance aux cultivateurs comme un fourrage de premier ordre, et lui reconnaissent presque unanimement les mérites suivants :

« 1° De croître dans toute espèce de terrain et à toute exposition ;

« 2° De souffrir peu d'une sécheresse même prolongée ;

« 3° D'offrir un rendement beaucoup plus considérable qu'aucun autre fourrage ;

« 4° Enfin de convenir indistinctement à tous les animaux de la ferme.

« Quant au premier point, il est la conséquence de ce fait que les instituteurs ont réussi tous également bien, quoique les terrains sur lesquels ils ont expérimenté, soient très-divers dans leur composition. Le galéga, éminemment rustique, s'est accommodé de tous les sols :

(1) La graine de galéga, fournie généreusement par le comice de Cambrai, provenait du dépôt général créé à Paris, par M. Gillet-Damitte, chez M. Dubois, artiste fleuriste, fournisseur breveté de S. M. l'Impératrice Eugénie, négociant, boulevart des Capucines, 21.

sur le plus maigre comme sur celui rempli d'humus, sur l'argile la plus compacte comme sur le sable le plus léger ou le calcaire presque pur, il a donné partout la même récolte luxuriante.

« Cette récolte a peu souffert de la chaleur exceptionnelle de l'été dernier, pourtant si désastreux pour les autres fourrages. Le galéga, qui ne cesse sous un brûlant soleil de développer vigoureusement ses tiges robustes, serait donc une précieuse ressource dans les années sèches. Il pourrait d'autant mieux suppléer au manque de trèfles, que son rendement est vraiment extraordinaire. Ainsi, dans la plupart des communes, il a donné deux et même trois coupes dès la première année. Semé en mars, immédiatement après les derniers froids, il fournirait, la seconde année, jusqu'à cinq coupes. Les calculs les plus modérés portent à quatre kilogrammes le poids de fourrage vert récolté par centiare et pour une seule coupe : soit pour cinq coupes vingt kilogrammes, et pour un hectare deux mille quintaux métriques. En admettant que la dessication lui fasse perdre les trois quarts de son poids, il resterait encore, pour le poids net du fourrage sec, cinq cents quintaux par hectare : ce qui est vraiment fabuleux.

« Ces chiffres sont éloquents ; ils ne prouveraient cependant rien, si les bestiaux refusaient le galéga. Les instituteurs, sachant bien que là est la question importante, ont multiplié sur ce point les expériences. Malgré quelques divergences d'opinions, et, dans les faits cités, des contradictions inévitables, le jugement porté sur la qualité du nouveau fourrage peut être considéré en général comme très-favorable.

« On en jugera par les extraits de différents rapports qui suivent :

« J'ai essayé, dit M. Petit, la qualité du fourrage vert
« de galéga sur différents animaux, tels que le lapin, la
« chèvre, la vache, le cheval. Le lapin, assez difficile, ne
« le mange qu'à défaut d'autre nourriture : la chèvre y

« met moins de répugnance ; le cheval paraît le manger
« avec goût, mais la vache le dévore. »

« M. Lesluin dit à son tour : « Les bestiaux mangent
« le brome avec délice ; il en est de même du galéga :
« toutefois, ils manifestent d'abord une certaine hésita-
« tion à manger de ce dernier, cette hésitation se dissipe
« peu à peu, et au bout de quelque temps ils ne font pas
« de différence entre le fourrage de galéga et toute autre
« nourriture. »

« De son côté, M. Dessaint affirme la vérité des faits
suivants : « Vers le premier jour de septembre, raconte-
« t-il, j'ai coupé de jeunes pousses de galéga et je les ai
« données à des lapins qui les ont mangées... Huit
« jours plus tard j'en offris à deux chèvres : l'une en
« mangea *avidement* la première fois, et n'en voulut
« plus ensuite ; l'autre en accepta chaque fois que je lui
« en présentai. Un âne ne fit aucune difficulté pour
« manger le galéga. Je dirai même qu'il recherchait ma
« main avec empressement pour obtenir quelques brins
« de ce fourrage... Le 7 octobre, je me rendis chez un
« fermier avec du galéga coupé la veille. Le fermier en
« présenta à ses vaches qui venaient de rentrer des
« champs. Elles en mangèrent toutes, à l'exception
« d'une seule qui était malade. Il en donna à des veaux
« d'un certain âge qui le goûtèrent aussi très-volon-
« tiers. Il repassa à plusieurs reprises, et chaque fois
« même empressement de la part des vaches à saisir les
« quelques tiges qu'on leur offrait. J'engageai ensuite
« le fermier à faire la même expérience sur ses chevaux.
« Tous les cinq refusèrent de manger du galéga, excepté
« un cheval d'artillerie qui se trouva en dépôt dans la
« ferme. Le 9 octobre, j'eus la pensée d'offrir de mon
« galéga à un cheval que par hasard on amena dans la
« cour de la maison : il ne laissa rien perdre de ce que
« je lui donnai. »

« Il est donc hors de doute que le galéga est, ou

accepté, ou recherché par nos principaux animaux domestiques. Quant à son action favorable sur la production du lait chez les vaches laitières, elle est depuis longtemps reconnue.

« Toutefois il serait intéressant de connaître jusqu'à quel point il mérite son nom d'herbe à lait que
lui avaient donné les anciens. On y arriverait facilement en nourrissant exclusivement et alternative-
ment de ce fourrage et de luzerne, par exemple ,
une vache laitière, pendant une huitaine de jours,
et en comparant ensuite la quantité de lait recueillie
pendant ces divers laps de temps.

« Une telle recherche n'entrait pas dans le programme que vous avez tracé, Monsieur l'Inspecteur.
Ce programme, d'ailleurs, était assez étendu déjà
pour que les instituteurs n'aient pas songé à s'en
écarter. En effet, dans les considérations qui précèdent, je n'ai analysé qu'une partie de chacun des
rapports qui m'ont été envoyés. Il me resterait, pour
être complet et suivre les expérimentateurs dans tout
leur travail, à passer en revue plusieurs questions pra
tiques sur la culture du galéga : préparation à donner au sol, époque des semis, époque et durée de
la floraison, quantité de graine récoltée par an, etc.
Ce ne serait là rien moins qu'un chapitre complet
d'agriculture et je n'ai pas dû l'entreprendre. J'ai
seulement relevé trois ou quatre observations que
je crois utile de consigner ici,

« La proportion de cinq grammes de semence par
mètre carré, indiquée dans vos instructions, a été
trouvée suffisante. Elle pourrait même être réduite
encore, si, comme l'ont fait bon nombre d'instituteurs,
on choisissait le mode de semis en touffes. Le galéga
gagne d'ailleurs à être traité ainsi, car il talle très-
fort, et on peut, par ce moyen, lui donner un léger
sarclage quand il est jeune.

« Ce sarclage, sans être indispensable au galéga,
lui est extrêmement profitable. C'est ainsi que plu-

sieurs plantes soignées de la sorte ont produit dans l'espace de deux mois des tiges de 80 centimètres, La croissance est donc très-rapide, mais la floraison dure longtemps, quelquefois plus d'un mois. La graine des rameaux inférieurs est toute formée et même mûre, que la cime de la plante n'est pas encore en boutons. A ce sujet, plusieurs expérimentateurs contredisent formellement l'assertion de M. Gillet-Damitte, qui dit avoir remarqué que les cosses du galéga ont une tendance à l'égrenage. Est-ce un effet de notre climat humide (1)? Le contraire s'est passé ici. Les siliques filamenteuses ne s'ouvraient pas même sous le fléau, et on a dû partout les écosser à la main....

« Tel est, Monsieur l'Inspecteur, le résumé fidèle des essais qui viennent d'être tentés : j'ai omis beaucoup de choses, mais je n'ai rien avancé qui ne soit appuyé de témoignages offrant tous les caractères de la certitude. Les efforts des instituteurs, leurs succès, valent bien que l'agriculture de notre pays se montre soucieuse de recueillir le fruit de cette première expérience. C'est là la seule récompense qu'ils attendent, et à coup sûr on trouvera qu'ils l'ont méritée.

« Daignez agréer, je vous prie, Monsieur l'Inspecteur, l'assurance de mon profond respect.

« J. BRUYELLE,
« Instituteur communal à Solesmes,
près le Cateau (Nord). »

M. Choquet, dont le nom figure de droit en tête de ce rapport, a fait faire un pas à la vulgarisation du galéga dans le Nord, car lorsque 80 Instituteurs répondant à l'appel de leur chef cultivent et expérimentent une plante comme ils l'ont fait avec autant d'intelligence que de dévouement et qu'ils ont *tous* obtenu

(1) C'est très-possible. M. Gillet-Damitte a affirmé vrai ce qu'il a avancé: et n'est-il pas reconnu que la graine se sème d'elle-même? G.-D.

4

de bons résultats, ce sont quatre vingts témoignages en faveur de la vérité.

D'un autre côté, M. Choquet qui cultive lui même cette plante nous écrit en date du 20 mai, 1869 :

« J'ai reçu aujourd'hui même la visite de MM. Roth et Durieux, et, en leur présence, j'ai coupé deux à trois kilogr. de galéga, pour les distribuer à mon cheval, à des lapins et à la volaille de notre basse-cour. »

—· Procès verbal des expériences faites sur l'usage du Galéga, par le bétail, chevaux, etc., à Calonges, arrondissement de Marmande (Lot-et-Garonne).

« Nous soussignés, Beyries père et fils, propriétaires, Laborde (François), forgeron ; Dupouy (Jean), propriétaire et Larrieu (Jean-Baptiste), boulanger, nous certifions que nos vaches et nos chevaux ont mangé avec avidité du fourrage de Galéga vert, que M. Carrère, notre instituteur, a introduit dans le pays en suivant les indications données dans la brochure de M. Gillet-Damitte. La première fois qu'il en a présenté aux vaches et aux chevaux de MM. Beyries, une vache et la jument de M. Beyries fils, semblaient le refuser ; il leur en a servi alors mélangé à d'autre fourrage ; elles y ont pris goût et le mangent *pur* maintenant avec autant d'avidité que les autres.

« Aucune de ces bêtes n'a fait la moindre difficulté pour manger le galéga sec qui leur a été présenté.

« Cette plante qui pousse avec une vigueur sans égale est appelée à rendre de grands services à l'agriculture dans notre pays.

« Calonges, le 1er octobre 1868.

« Signé : BEYRIES père, BEYRIES fils, LABORDE (Francois), DUPOUY, LARRIEU (Baptiste). »

« Le Maire de la commune de Calonges, soussigné,

Conseiller d'arrondissement, délégué cantonal de l'Instruction publique, certifie la vérité des faits énoncés ci-dessus et déclare en outre que ses bestiaux ont bien mangé le galéga que M. Carrère leur a présenté. »

« Calonges, le 1er octobre 1868.

« *Le Maire,*

« Signé, Dèche.» »

« *A M. Gillet-Damitte.*

« Calonges, le 7 octobre 1868.

« Aujourd'hui encore, j'ai présenté du galéga vert aux animaux dont il est parlé dans le procès verbal ci-contre, que je vous adresse et qui sont au nombre de *quarante;* ils le mangent toujours avec plus d'avidité.

« Signé : J. L. Carrère,

« *Instituteur communal.* »

Pour ses cultures de galéga, le comice agricole d'Agen, a décerné en 1863 une médaille d'argent à M. l'instituteur Carrère.

Vers l'époque ci-dessus relatée, des expériences conduites à Casteljaloux, même département de Lot-et-Garonne, par MM. Carrère père et fils, donnaient les mêmes résultats attestés par des certificats légalisés, de :

— M. le baron Emery de Briançon, dont les six chevaux ont *tous parfaitement mangé le fourrage de galéga.*

— M. D'Amazit, percepteur, qui signe que ses chevaux ont parfaitement mangé, avec avidité même, le fourrage du galéga qui leur a été présenté à diverses reprises.

— M. Théophile Destrac, marchand de chevaux. Il atteste que ses chevaux, au nombre de huit, ont mangé sans hésitation et même avec avidité le fourrage de galéga.

Enfin, même expérience et même résultat obtenu sur les chevaux de la brigade de la gendarmerie de Casteljaloux. Fait affirmé par MM. Carrère, père et fils.

A la date du 6 mai 1869, M. J. L. Carrère, nous a écrit de Calonges ce qui suit : « Je vous confirme les « rendements possibles que je vous ai annoncés; c'est- « à-dire, 15,000 kil. de fourrage sec à l'hectare. — « Chez M. Beyries, la première coupe m'a donné dans « les proportions de 35 à 40,000 kil. verts à l'hectare. « Je ne sais ce que me donneront les autres; mais si les « proportions sont gardées, on peut bien compter sur « 15,000 kil. à l'état sec. »

Enfin, nous croyons devoir ajouter l'extrait qui suit, d'une autre lettre de M. Carrère, en date du 11 mai 1869:

« Lorsque j'ai fait la première coupe chez M. Beyries, le 24 avril dernier, je laissai un peu de galéga de façon à savoir quel développement il prendrait. Il a atteint aujourd'hui de 1 mètre à 1 mètre 20 cent. de hauteur; bien que des tiges aient 30 millimètres de diamètre; elles sont fort tendres, elles sont cannelées. J'en ai coupé un mètre carré, il a pesé 6 kilos, grand poids, ce qui fait dans la proportion de 60,000 kilos à l'hectare. »

« A coup sûr, les incrédules vont crier contre ce chiffre et nier la vérité du fait, mais s'il y en a quelqu'un qui veuille s'en rendre compte sur place, j'en ai laissé tout exprès pour les convaincre. »

— ÉCOLE PRIMAIRE PUBLIQUE DE LA MOTTE BEUVRON, (LOIR-ET-CHER), SOLOGNE.

« 16 février 1869.

« *A M. Gillet-Damitte.*

« Je suis heureux de vous rendre compte des expériences que j'ai faites en 1868 dans mon jardin d'expérimentation, en ce qui concerne le galéga. Disons d'abord que l'apparition en Sologne de cette nouvelle plante fourragère est un véritable bienfait puisqu'elle peut avantageusement remplacer la luzerne qui y croît assez difficilement.

« J'ai ensemencé le galéga sur une étendue de 30 centiares seulement, dans une terre légère, sans fumier, cultivée à la bêche. Le produit a dépassé toutes mes espérances. J'ai obtenu trois coupes, et en moyenne 5 kilos de fourrage vert par centiare, soit 500 quintaux métriques à l'hectare pour une coupe, et 1,500 pour les trois coupes. En supposant que la dessication lui fasse perdre les deux tiers de son poids, il resterait encore pour le poids net du fourrage sec 500 quintaux métriques : ce qui est un très-fort produit.

« On s'est demandé si le galéga est une bonne nourriture pour les bestiaux, s'ils le mangent bien ? — Je puis répondre affirmativement. J'ai essayé la qualité du fourrage vert de galéga sur différents animaux, tels que le lapin, la vache, le cheval, l'âne. Le lapin et le cheval le mangent assez bien ; mais la vache et l'âne le préfèrent à toute autre plante fourragère de notre région.

« Il ne me paraît donc plus douteux que le galéga est une bonne nourriture pour nos animaux domestiques, et je fais des vœux pour que cette culture se multiplie en Sologne où il vient bien, même sans fumier, d'après l'expérience que j'en ai faite. C'est dans ce but que j'en ai exposé à la dernière fête du Comice agricole, et que j'ai engagé nos fermiers de la Sologne à en essayer cette année. Le Comice (de Romorantin) appréciant mes efforts pour propager cette plante fourragère, m'a décerné une médaille d'argent, et le comité central une médaille d'or pour mon enseignement agricole.

« Voilà, Monsieur, ce que je tenais à vous faire connaître.

« Veuillez, agréer, etc.

« Signé, A. VRAIN, *Instituteur.* »

Pièce légalisée par M. Quatrehomme, Maire.

— ÉCOLE COMMUNALE DE VOUZON (LOIR-ET-CHER) PRÈS LA MOTTE-BEUVRON.

« 28 janvier 1869.

« *A M. Gillet-Damitte.*

« Monsieur l'inspecteur,

« Le terrain auquel j'ai confié mon galéga est un sol très-compacte formé d'argile imperméable. Le sous-sol est entièrement composé d'argile et de tuf. Ce terrain avait été simplement bêché et médiocrement fumé.

« Je l'ai semé le 25 avril, et, vingt jours après, il était complètement levé. Dix jours plus tard, il était admirable par sa vigueur et ses larges feuilles. Mais alors un insecte nommé puceron est venu le ronger et lui faire perdre cette verdeur qui me plaisait tant à voir. J'ai imaginé de répandre sur mon galéga une certaine quantité de cendre bien sèche ; par ce moyen, j'ai réussi à chasser l'insecte destructeur ; ensuite, mon galéga a repris sa verdeur primitive.

« Il est peut-être bon de vous faire remarquer ici que la sécheresse et la chaleur sont très-nuisibles au galéga semé sur un sol dur et compacte.

« J'ai été obligé d'arroser ma culture, et, par ce moyen, le galéga a atteint une hauteur de 60 centimètres. — Il m'a donné trois coupes avec un rendement qui a dépassé mes espérances. La dernière coupe, faite en automne, était inférieure aux deux premières.

« Je reconnais aussi que ce fourrage donné à l'état vert au bétail est mangé avec avidité ; mais qu'il n'en est pas de même en le donnant à l'état sec.

« Daignez agréer, etc.

« Signé : TRIPAULT. »

M. l'instituteur Tripault a reçu du Comité central agricole de la Sologne une médaille d'argent pour cette culture et pour son enseignement agricole.

Dans la Sologne, d'autres expériences de culture réussies sont à enregistrer ici. Nous citerons :

— M. PICHELIN aîné a cultivé le galéga avec un succès moyen dans les terres du pays, à Viglain.

— M. JULLIEN, propriétaire à la Billaudière, commune de Viglain, près Sully-sur-Loire (Loiret), nous a adressé la lettre suivante :

« Orléans, le 8 juillet 1869.

« Monsieur,

« J'ai fait semer, en 1868, au mois de mai, en Sologne, commune de Viglain, dans ma propriété, une petite quantité de graine de galéga, dans un are environ; le terrain, par suite de la sécheresse qui a eu lieu l'an dernier, n'avait pas été bien préparé (1). La semence a peu levé d'abord, mais après les pluies du mois d'août, la plante a pris de la force, et au mois de septembre, elle a acquis une hauteur de 1 mètre environ.

« Les vaches de la ferme à qui on en a présenté ont mangé cette plante avec avidité.

« L'hiver n'a pas atteint la plante ; en ce moment elle est en pleine fleur et elle a acquis une hauteur de 1 mètre 75 à 1 mètre 80 avec une tige assez grosse qui a résisté aux grands vents du mois dernier.

« Le fermier, satisfait de voir cette plante croître avec rapidité, en a ensemencé, au mois de mai dernier, environ 40 ares dans une avoine de mars. La plante paraît assez bien levée, le terrain a été bien préparé et on espère réussir.

« J'ai bien l'honneur, etc.

« JULLIEN,

« Propriétaire à la Billaudière, commune de Viglain. »

---

(1) Ce terrain est argilo-siliceux, très-compacte, de médiocre qualité et n'ayant pas reçu de fumier, mais non loin d'un ruisseau.

— M. Regnault, instituteur.

« Saint-Sébastien-de-Raids, près Périers (Manche).
le 4 mai 1869.

« *A M. Gillet-Damitte.*

« Monsieur,

« J'ai cultivé le galéga dans une terre sablonneuse, une terre de landes, considérée comme une des plus mauvaises, sinon la plus mauvaise de notre pays de basse Normandie ; sous-sol argileux.

« Impossible aujourd'hui de coter le rendement que j'ai obtenu par centiare.

« J'ai fait manger, sur place, le regain de galéga à une vache qui a dévoré les jeunes pousses survenues après les pluies de la première quinzaine d'octobre, lesquelles se développèrent rapidement en cette saison. La vache ne fit grâce qu'à quelques vieilles pousses durcies. A quelques jours de là, on retira la bête de cette pâture parce que, par suite des pluies, le sol étant devenu mou, elle enfonçait dedans et endommageait en même temps le collet des plants du galéga. La vache fut alors mise pendant assez longtemps dans un champ séparé par une haie de celui planté en galéga.

« La température continuant à être bénigne malgré la saison avancée, la fourragère végétait toujours et bientôt parurent de nouvelles pousses aux tendres feuilles appétisssantes. On fut alors obligé d'exercer une surveillance active sur la vache qui, sans cesse, essayait de franchir la haie séparant le champ où elle pâturait, du champ de galéga, amorcée qu'elle était par la belle verdure qu'elle apercevait dans celui-ci.

« Je ne crois pas que l'hiver m'ait fait perdre un seul pied de ma culture ; bien au contraire, le nombre des pieds va chaque jour en augmentant, attendu que beaucoup de grains qui n'avaient pas levé l'an dernier germent maintenant, et que, depuis environ trois semaines, on voit apparaître çà et là bon nombre de pieds nouveaux.

« La plante mesure en ce moment (4 mai) de 40 à 50 centimètres de hauteur. Certains pieds vont même à 70 centimètres et au-delà. Elle tale beaucoup ; de sorte qu'une grande quantité de touffes n'ont pas moins de 20 à 40 centimètres de diamètre.

« La Société d'agriculture de l'arrondissement de Coutances m'a décerné une mention honorable pour ma culture du galéga.

« Signé : *L'instituteur de Saint-Sébastien-de-Raids,*

« REGNAULT. »

Signature légalisée par M. Deligny, maire.

— M. LÉON FÉRET. Parmi les adeptes de la culture dn galéga, j'enregistre avec satisfaction le nom de M. Léon Féret, président de la Société d'agriculture de Pont-l'Evêque, officier d'Académie. Voici un extrait de la correspondance de l'honorable M. Léon Féret :

« Pont-l'Evêque, le 7 juillet 1868.

« Aujourd'hui, mon galéga est en pleines fleurs. Sa hauteur est de 1^m 05 à 1^m 10 centimètres moins la racine. J'en ai fait semer dans plusieurs jardins, dans les premiers jours de mai ; il est parfaitement venu. Il a mis environ dix jours à lever, et aujourd'hui il mesure de 60 à 80 centimètres de hauteur. J'en ai placé dans des terrains complètement calcaires, exposés à un soleil ardent, dans des terres lourdes, dans des terres de bruyères, enfin au bord de la mer ; partout il offre une belle végétation. La terre qui paraît lui convenir le moins est la terre de bruyère.

« Mon ensemencement particulier d'étude a été fait le 10 de mars, dans un sol meuble participant à la fois du sol calcaire et du sol sablonneux ; terre très-légère, profondément façonnée et fumée de fumier de cheval, nettoyée de mauvaises herbes. La graine a été semée dru et a mis environ douze jours à lever, très-irrégulièrement.

4.

Peu d'herbes parasites se sont montrées dans l'ensemencement ; la mercuriale a paru en plus grande quantité.
La moitié de mon terrain a été semée en lignes, l'autre
moitié à la volée. Le semis en lignes est devenu plus
fort, plus grand, et, bien qu'il ne soit pas venu de pluies,
j'ai un peu de verse. Soins ordinaires. Le semis en lignes
a été rechaussé. On a sarclé quand la plante avait 15 ou
20 centimètres de hauteur.

« Je ne pourrais dire le poids de fourrage vert par
mètre carré, parce que je n'ai encore rien coupé, voulant
laisser la floraison s'accomplir afin de récolter de la
graine. »

Autre lettre de **M. L. Féret.**

« Pont-l'Evêque, le 2 juillet 1869.

« Voici ce qui m'est arrivé avec le galéga : j'ai essayé à
en faire manger à des vaches, à des chevaux, à des moutons, ils n'en ont pas voulu; c'est tout naturel, ils avaient
mangé de l'herbe de nos excellents pâturages; mais j'ai
bien la conviction qu'en persistant et surtout en mélangeant le galéga avec de l'herbe, ils en auraient mangé.
Si je n'ai pas poussé plus loin mes expériences, c'est
que, dans notre contrée, le galéga ne peut nous rendre
aucun service puisque nous avons des prairies naturelles.

« Je me suis plutôt occupé de cette plante, au point de
vue de sa rusticité; j'ai cultivé le galéga dans des terrains bons, médiocres et mauvais ; partout il est bien
venu et à toutes les expositions; la perte des pieds, par
suite du froid de l'hiver, a été à peu près nulle; dans un
bon terrain, je n'ai donné aucun soin à mon plant de
galéga qui date de l'année dernière, je l'ai laissé envahir
par les mauvaises herbes et ne lui ai donné aucune fumure, les tiges ont 1 mètre 25 cent. de haut; pour un
terrain aride exposé au Midi, la plante a reçu quelques
soins, pas de fumure, mais elle a été un peu sarclée. Les
tiges ont 1 mètre 45 cent., enfin, dernièrement, pendant
le congrès de l'association normande à Isigny, j'ai vu du

galéga dont les tiges avaient 1 mètre 75 cent., ce galéga est cultivé dans un jardin par M. Regnault, instituteur à Saint-Sébastien-de-Raids, près Carentan.

« Je fais manger cette année mon galéga à des lapins qui en sont très-friands.

« De tout cela, voici ce que je conclus :

« J'admire votre persévérance à doter l'agriculture d'une légumineuse fourragère, qui peut rendre de grands services dans certaines contrées.

« Je vous félicite très sincèrement des résultats obtenus, et je suis toujours disposé à applaudir aux nouveaux succès qui vous attendent.

« Je serai toujours heureux d'être mis au courant de ces succès, et tout disposé à vous prêter le faible concours de ma plume pour les proclamer.

« Recevez, mon cher Monsieur, l'assurance de mes sentiments les meilleurs et les plus dévoués.

« LÉON FERET. »

— M. DUCHON, cultivateur à Meigneville près de Voves (Eure-et-Loir), ayant cultivé et étudié en praticien le galéga, nous avait une première fois informé que toutes les bêtes de sa ferme mangent très-bien la plante. Mais voulant se fortifier dans la foi en son expérience première, il a procédé à une deuxième qu'il affirme ainsi qu'il va être dit ci-après.

Le témoignage de M. Duchon, qui s'ajoute à tant d'autres très-authentiques et très-respectables, a ici un caractère particulier. Comme M. Duchon, je suis Beauceron, et, ainsi que Colardeau l'a dit pour lui, je puis dire aussi : *Je viens de Janville.* Or, comme nul n'est prophète dans son pays, bien que je me flatte d'avoir fondé au profit de ma chère ville natale de Janville deux établissements d'instruction, la pension de garçons et la pension de jeunes filles, établissements prospères, je me suis bien gardé d'adresser dans ma Beauce aucun des écrits nombreux que j'ai faits pour propager le galéga.

M. Duchon a donc agi par sa propre impulsion. Comme c'est un homme de sens et de progrès, il a voulu se rendre compte de la valeur de la plante, il a été satisfait de cet examen ; il me l'écrit, et, en outre, il s'exprime en des termes très-significatifs dans l'*Union agricole*, journal d'Eure-et-Loir, en s'adressant à l'élite de nos propriétaires et agriculteurs de la Beauce et du Perche. Le Beauceron est de sa nature ombrageux, serré, circonspect, et quand il affirme un fait agricole, il faut que ce fait lui soit démontré dix fois vrai. Voilà pourquoi le témoignage de M. Duchon emprunte une valeur particulière (1).

« Meigneville, le 5 octobre 1868.

« *A M. Gillet-Damitte.*

« J'ai voulu recommencer l'expérience à savoir si les animaux mangent bien le galéga. J'en ai offert de nouveau à mes vaches. Toutes en ont mangé avec plus ou moins d'avidité. Deux béliers à qui j'en ai donné l'ont dévoré en peu de temps et se sont même battus pour prendre possession de la seule place où je l'avais disposé dans leur râtelier. Trois chevaux à qui j'en ai servi l'ont moins bien mangé que la première fois. Je crois que c'est parce que la plante était mouillée. Vous pouvez donc, Monsieur, assurer que toutes les bêtes de ma ferme, y compris l'âne de ma petite fille, ont mangé le galéga avec plus ou moins d'avidité, et que les lapins de M. Ricour, instituteur à Dangeau (2), le mangent parfaitement, ce qu'il

---

(1) Le monde agricole connaît désormais M. Duchon pour l'immense service que rend à l'économie de la ferme sa belle invention du *parc-abri* qui porte son nom. Des prix en médailles officielles ont consacré le mérite de cette belle innovation, mais ce qui la recommande surtout, c'est qu'en Beauce, en l'année 1868, où le sang-de-rate a fait des ravages affreux dans les troupeaux, il a été acquis qu'aucune bête ovine n'était morte là où la campagne du parcage s'est accomplie avec l'usage du parc-abri-Duchon.

(2) Dans les environs de cette commune les essais ont échoué.

m'a répété plusieurs fois. J'attends le beau temps pour faucher la nouvelle coupe de galéga qui donnera plus que la première, surtout dans le déroquage du bois où j'en ai 30 ares de toute beauté et qui promet pour l'année prochaine. Si vous en avez besoin, je le tiendrai à votre disposition.

« Agréez, etc.

« Signé : H. Duchon. »

— M. Auguste Cotelle, Avocat à la Cour impériale d'Orléans, Officier d'Académie, Rédacteur des leçons du cours de chimie agricole de M. Gaucheron, honoré pour ce travail d'une médaille d'or du Ministère d'agriculture, lui aussi, a étudié pratiquement le galéga. A la date du 3 mai 1869 il nous écrit :

« Dans de bonnes terres fraîches du Gâtinais, le galéga est venu dru, fort et à la hauteur de 95 centimètres à 1 mètre. J'en avais semé au Val de Loire, dans un sol mal préparé, divisé en deux parties, au mois d'avril ; une portion du terrain était fumée avec du fumier de vache, et une autre portion largement amendée avec de la cendre de bois. Il a levé au bout de vingt jours et plus promptement avec la cendre qu'avec le fumier. Mais, comme le sol était sec et la température ardente, cette culture d'essai n'a pas été satisfaisante. La vache du jardinier n'en a pas accepté tous les jours le produit, elle en mangeait un jour et le refusait le lendemain.

« Dans le Gâtinais, au contraire, où la culture avait eu lieu sur un terrain argileux et très-frais, trois vaches de notre vigneron, deux chevaux et quelques lapins ont constamment mangé du galéga tous les jours et avec avidité autant qu'on a voulu leur en présenter.

« J'incline à croire que la qualité de la terre exerce une certaine influence sur la qualité de ce fourrage ; mais je ne le sais pas. »

Nous sommes persuadé que M. Cotelle a observé la vérité sur l'influence du sol.

— M. Duchesne, ancien percepteur à Limay, près de Mantes-sur-Seine (Seine-et-Oise), se trouvant par hasard au Jardin-des-Plantes, le 1ᵉʳ décembre 1868, près du parc des Zébus, vaches du Cap, me vit approcher de ces bêtes avec un paquet ficelé sous le bras. Sa curiosité l'amena près de moi. Il vit de ses yeux s'accomplir l'expérience qu'il atteste en ces termes :

« Je soussigné, Jean-Jacques-Félix Duchesne, ancien percepteur des contributions directes, déclare et certifie que le 1ᵉʳ décembre 1868, me trouvant au Jardin-des-Plantes de Paris, j'ai vu M. Gillet-Damitte présenter aux Zébus, vaches bossues du Cap, un paquet de fourrage que j'ai su être du galéga à l'état sec.

« Ces bêtes se sont jetées sur ce paquet avec une telle avidité qu'elles ont saisi tout ce qu'il contenait, sans que M. Gillet-Damitte eut eu le temps de le délier. Elles ont mangé ce fourrage avec la même avidité.

« Fait à Limay, le 23 décembre 1868.

« Signé, Duchesne. »

Signature légalisée par M. Daire, Maire de Limay.

— M. Tourniaire, propriétaire à Mane, près Forcalquier (Basses-Alpes). — 22 décembre 1868.

« *A M. Gillet-Damitte.*

« J'ai fait l'expérience sur une seule bête (un mulet), à laquelle j'ai présenté du galéga vert qui a été d'abord refusé. J'ai mélangé alors le galéga avec le double d'autres aliments que je savais être au goût de la bête Le tout a été mangé avec plaisir. — La seconde fois, j'ai mis moitié de l'un et moitié de l'autre ; ce mélange a été mangé sans difficulté. Enfin, la troisième fois j'ai mis le double de galéga ; il a encore été mangé avec plaisir, et, à présent, il en mange de petites rations sans aucun mélange.

« Je ne puis pas, Monsieur, vous exprimer le plaisir que j'ai éprouvé de voir que le fourrage de galéga a été mangé vert, car je pense qu'il sera mangé avec plus de plaisir encore à l'état sec.

« J'avais ensemencé, comme essai, 50 centiares au mois d'avril dernier dans un terrain de médiocre qualité, mais fumé convenablement, grès de sa nature et par conséquent rebelle au trèfle et au sainfoin. La graine a poussé avec une vigueur surprenante. Les premières tiges qui m'ont donné de la graine se sont élevées jusqu'à 50 centimètres, tandis que la luzerne que j'avais semée dans les mêmes conditions tout près, n'a fait aucun progrès.

« A la fin du mois de juin, j'ai vu avec plaisir qu'il fleurissait. Au mois d'août, j'ai cueilli de la graine, et voyant qu'il fleurissait toujours, je ne l'ai pas fauché : nouvelle récolte de graine, fin de septembre. Total 700 grammes. Les premières tiges sont mortes, mais il a repoussé avec une vigueur extraordinaire et n'a pas craint le froid qui a grillé la luzerne.

« Signé : TOURNIAIRE (Gaspard). »

Recherchant sans désemparer les faits de nature à fixer aux yeux des autres les preuves acquises par nous au moyen d'expériences personnelles sans nombre, nous écrivîmes le 20 mai 1869 à M. Tourniaire, afin de savoir de lui ses observations nouvelles. Le 31 du même mois, il nous fit la réponse suivante :

« *A M. Gillet-Damitte.*

« Votre lettre du 20 du courant m'a causé un sensible plaisir. Vous ne sauriez croire combien je suis heureux d'entendre parler du galéga, de cette belle plante qui va remplir mes greniers de fourrage et augmenter les bêtes de mon étable, par conséquent mes terres, lesquelles me donneront plus abondamment du blé.

« Les gelées de janvier ont un peu arrêté sa végétation ;

mais, au bout de quelques jours, il a repris avec une vigueur extraordinaire, *il a crû à vue d'œil.* Et aujourd'hui (11 mai) j'en ai mesuré un plant qui avait douze tiges de 1 mètre 10 centimètres de hauteur, tandis que la luzerne ne s'est pas élevée au dessus de 0 mètre 50 cent. Je l'ai fauché ainsi que la luzerne ; j'en ai laissé quelques plants pour voir la hauteur qu'ils atteindront, car il ne fleurit pas encore.

« Après la lettre que je vous ai écrite le 22 décembre dernier, je n'ai plus fait manger de galéga à mon mulet, craignant de compromettre la végétation de la légumineuse. Et, cette année, j'ai voulu lui faire manger de ce fourrage qu'il n'avait pas revu depuis plus de quatre mois, il m'a fallu recommencer à l'y habituer peu à peu, je vois avec plaisir qu'avec un peu de bonne volonté, on en vient à bout. On est bien payé de cette peine, car le galéga donne au moins le double des autres plantes fourragères et est précieux dans les quartiers où le sainfoin ne veut pas venir.

« Veuillez, agréez, etc.

« TOURNIAIRE (G.) »

— M. H. JASPES, rue Colbert, à Rochefort-sur-Mer, a propagé avec zèle le galéga et l'a cultivé avec succès. Au concours du comice agricole de cet arrondissement, 4 juillet 1869, il en a exposé un *bouquet gros comme une barrique*, et haut de 80 centimètres, tout en fleurs, ayant trois mois d'ensemencement. Le président du comice, M. JOUVIN l'a félicité. L'honorable président s'est plû, disent les *Tablettes des Deux-Charentes*, à donner des détails sur cette nouvelle plante fourragère, due, dans le pays, à l'intelligente initiative de M. Jaspes. Ce dernier nous écrit qu'avec l'autorisation de M. le baron De Cugnac, directeur du manége, « il a offert du « galéga à *un grand nombre de chevaux* et que *tous* « en ont bien mangé. » Il pense que la plante sèche ou demi-sèche leur conviendra bien.

ADMINISTRATION DES HARAS. — ÉCOLE DE DRESSAGE DE ROCHEFORT-SUR-MER.

« 13 juillet 1868.

« *A M. Gillet-Damitte.*

« Vous pouvez parfaitement relater les expériences que M. Jaspes a faites en ma présence, sur les chevaux de mon établissement, et je déclare de plus que les chevaux acceptaient avec plaisir le galéga qui leur était offert.

« Veuillez, etc.

« *Le Directeur,*

« Baron de CUGNAC. »

— M. MARTINET, jardinier de M. Marbeau, 33 , rue de la Faisanderie, à Passy-Paris.

Les soussignés attestent vrai ce qui suit :

« M. J.-B. Martinet a cultivé dans le jardin dont il est fermier un are de galéga sur les indications de M. Gillet-Damitte. — Terre argilo-calcaire. — La plante semée tard, en mai 1868, a néanmoins bien levé, et malgré les ardeurs brûlantes de l'été, a fourni une belle floraison et de la graine en quantité. Elle a été fauchée fin de septembre. A partir de cette époque, elle a repoussé vigoureusement, souchant avec une grande force. Le 21 octobre 1868, M. Jean-Louis Dareine, cultivateur, demeurant à Clamart (Seine), accompagné de M. Jean-Claude Pépin, aussi cultivateur à Clamart, ont présenté, par deux fois, une ration de fourrage vert de galéga à la jument de M. Dareine. Bien que cette bête vint de manger un demi-boisseau d'avoine, elle a mangé le galéga avec avidité. Et nous avons signé en témoignage de ce fait intéressant.

« A Passy, le 21 octobre 1868.

« MARTINET. — J.-L. DAREINE. — J.-C. « PÉPIN. »

— **M.** Adelmard Besseteaux, cité déjà page 42, nous a écrit deux autres lettres dont extrait :

« Thérapeutique hippiatrique d'Orgères
(Eure-et-Loir), 10 octobre 1868.

« J'ai cultivé dans ma propriété, sur les bords de la Conie, environ 90 ares de galéga qui ont été semés en mars dernier. La graine a généralement bien levé. La plante a résisté à la sécheresse et aux plantes parasites. La seconde coupe m'a donné environ 4,000 kilos de fourrage vert, soit 1,000 kilos de fourrage sec. La première coupe a été sacrifiée pour la destruction des plantes parasites ; aujourd'hui le plant est bien garni et d'une belle apparence, ce qui promet une bonne récolte pour le prin-temps prochain.

« J'ai remarqué plusieurs fois que mes vaches, échappant à la surveillance, se portaient avec ardeur sur le champ de galéga et le pâturaient avec avidité. Je fais cette déclaration pour témoigner la vérité à cet égard. »

« Du 5 mai 1869.

« Le galéga a une belle apparence ; il est vigoureux. La gelée de l'hiver n'a eu sur lui aucune influence fâcheuse ; mais il a été décimé, comme vous le savez, par les herbes parasites. Il lui faudrait un sarclage qui, malheureusement, est pratiquement impossible (1). Je ne puis donc compter que sur une récolte très-médiocre de rendement, bien que le plant qui reste soit dans les meilleures conditions comme vigueur.

« J'espère l'année prochaine obtenir un bon résultat, ne doutant nullement du succès de cette plante qui présente tous les avantages des plantes fourragères au plus haut degré.

« Agréez, etc.

« Signé : A. Besseteaux. »

(1) Voilà pourquoi l'ensemencement en ligne est tout-à-fait préférable à l'ensemencement à la volée. Le premier des deux permet des sarclages et même d'utiles binages.

— M. DE VIGUERIE, inspecteur des forêts, à Orléans.

« Orléans, 18 mars 1869.

« *A M. Gillet-Damitte.*

« M. A. Cotelle m'a fait beaucoup trop d'honneur en supposant que mon opinion sur le galéga pouvait être prise en considération ; beaucoup plus occupé de silviculture que d'agriculture proprement dite, je n'ai jamais étudié sérieusement cette plante, et j'en sais tout au plus ce que ne peut pas ignorer tout homme du monde qui ne veut pas rester trop étranger au mouvement progressif de son époque.

« A ce titre, mais à ce titre seul, je suis partisan du galéga comme fourrage *vert*, et je regrette que les bêtes à cornes ne l'aiment pas également lorsqu'il est sec, attendu qu'à raison de cette étrange particularité il ne rendra pas dans l'avenir tous les services qu'on semblait d'abord pouvoir en attendre.

« Veuillez agréer, etc.

« Signé : O. DE VIGUERIE,

« *Inspecteur des forêts.* »

L'opinion de M. de Viguerie est très respectable. Mais des faits prouvent que les bêtes à cornes mangent le fourrage *sec* du galéga. (Voir le procès-verbal de Calonges, page 74.)

— M. BARON-CHARTIER, propriétaire à Antony (Seine), a cultivé le galéga l'un des premiers. Il en a fait une culture réussie dans un sol argilo-calcaire et en a obtenu de bons résultats. Il nous écrit qu'il a élevé avec le fourrage du galéga un mouton qui est devenu magnifique. Comme c'est un homme de progrès, il nous a prié de ne pas omettre de l'inscrire parmi les adeptes de cette plante. Nous n'omettrons pas non plus de citer la belle découverte de son *engrais-insecticide* qui détruit les *vers blancs* tout en donnant à la terre une fumure avantageuse. Médaille à Billancourt en 1867.

— M. Rault, maître de poste, à Villotte, près Saint-Mihiel (Meuse).

« Je soussigné, Rault (Etienne Adolphe), maître de poste et correspondant des chemins de fer de l'Est, déclare avoir donné à manger du fourrage (sec) appelé galéga à dix-huit chevaux composant une écurie à Saint-Mihiel, et que ces chevaux en ont tous très-bien mangé.

« Saint-Mihiel, le 26 novembre 1868. »

« Signé : Rault. »

Signature légalisée par M. le Maire de Saint-Mihiel.

M. Rault a procédé par deux fois à cette expérience. Le fourrage sec de galéga *que ses dix huit chevaux ont tous très-bien mangé*, provenait de la récolte d'un industriel de Saint-Quentin. Les chevaux de ce dernier, disait-il, n'ont pas voulu manger ce fourrage. C'est pourquoi, comme il se plaignait amèrement de ma propagande qui, ajoutait-il, tendait *un piége* aux agriculteurs, j'ai fait acheter ce fourrage et l'ai envoyé dans la Meuse pour servir à des études que nous faisions par là.

— MM. Vanier frères, usiniers à Lavignéville, près St-Mihiel (Meuse).

« Nous soussignés, déclarons et certifions qu'ayant fait un ensemencement de galéga près de notre usine, nous avons bien souvent offert de ce nouveau fourrage à nos deux vaches et à nos quinze lapins qui l'ont toujours bien mangé en présence de notre domestique qui a signé avec nous pour plus ample justification.

« Fait à Lavignéville, le 8 octobre 1868.

« Signé : Vanier frères, Kostka. »

Légalisé par M. Bession, Maire.

— M. J. P. Huguin, cultivateur-propriétaire à Lavignéville, près Saint-Mihiel (Meuse).

« J'ai semé du galéga le 9 mai 1868. La préparation de la terre nous a donné peu d'ouvrage. Aussitôt que la graine a levé, les insectes ont mangé le semis, et cela nous a inquiétés. On m'a conseillé de sarcler, ce que nous avons fait les premiers jours de juillet. Le 15 septembre même année, le fourrage était rentré en parfait état, propre à être servi au bétail, chevaux et vaches, même que j'en ai donné à mes chevaux. De cinq, il n'y en a eu qu'un seul qui n'en a pas mangé et je pense qu'il est un peu délicat.

« Dans environ huit ares de terrain, nous avons obtenu de la fane de galéga de 1 mètre 40 centimètres de hauteur, et nous avons récolté pour la première récolte, 200 kilos de fane sèche (soit 2,500 kil. à l'hectare).

« Signé : J. P. Huguin.

« Lavignéville, le 8 octobre 1868. »

Légalisé par le Maire, M. Bession.

—M. F. Marbeau, fondateur des crèches, a fait cultiver sous ses yeux, à Vitry-sur-Seine, du galéga, et son fermier, M. Couppé, à sa ferme des Bordes, près Champigny, en a ensemencé 25 ares en 1868, tandis que M. Martinet, jardinier de sa propriété du n° 33, rue de la Faisanderie, à Passy, en a fait aussi une culture.

Après plusieurs reflexions philosophiques, au sujet de cette plante, M. Marbeau nous écrit, en date du 10 juin 1869 : « Depuis quelques jours, nous avons donné à la chèvre un peu de galéga. Son lait, plus abondant, est sinon meilleur du moins aussi bon.

« Aux Bordes, le galéga réussit parfaitement. Le galéga de Martinet réussit également. »

— M. Alexandre Michau, Maire de Saint-Pryvé, près d'Orléans, a cultivé le galéga sur une étendue moyenne, à titre d'essai, en 1868. Il croyait sa culture perdue, et, au printemps de 1869, il allait la rompre quand soudain une végétation luxuriante s'annonça, et son petit champ présenta une abondance admirable de fourrage ; son galéga est monté à une hauteur de près de 1 mètre 90.

Généreusement M. Michau a mis sa récolte à la disposition de nos expériences, nous l'en remercions du meilleur cœur.

— M. Piédalu, cultivateur à Saint-Denis-en-Val près d'Orléans, s'est trouvé dans le même cas. La chaleur extrême de 1868 paraissait avoir anéanti sa culture assez étendue, quand, en 1869, le galéga en souchant et talant donna des pousses de plus d'un mètre de hauteur et d'une grande vigueur. La récolte de M. Piédalu a été consacrée à des expériences en cours d'exécution.

— M. E. Gaugiran, propriétaire, près La Motte-Beuvron (Loir-et-Cher), secrétaire-archiviste du Comité central agricole de la Sologne, a cultivé dans la terre de Sologne le galéga avec un succès remarquable par l'abondance et la beauté du produit. Les bêtes auxquelles il en a administré l'ont mangé avec plus ou moins d'avidité.

— M. Champonnois, Instituteur à Brabant-le-Roi, près Revigny (Meuse), d'accord avec un ami de tout progrès,

— M. Grosjean, capitaine en retraite, propriétaire à Lehautey, près Revingy,
Ont cultivé et propagé le galéga avec un zèle tout particulier. Les détails me manquent sur leurs essais.

— M. l'abbé Regnaud, vicaire à Montrottier, par Saint-Laurent-de-Chamousset (Rhône), a semé et propagé le galéga dans des terrains divers. Il a semé en lignes et trop dru. En terre légère non calcaire, pulvérulente, la plante a levé ; mais elle n'a pas poussé vigoureusement. (L'an prochain 1870, malgré la défaveur du sol, elle poussera bien.)
Au contraire, en bon terrain dit terre forte, en deux mois d'ensemencement, cette plante est devenue magni-

fique, mesurant 0ᵐ 50 de hauteur. M. l'abbé Regnaud a observé deux points réels, à savoir : qu'il faut autant que possible à la plante de la fraîcheur, même de l'humidité, et qu'on ne doit pas la semer trop dru, parce qu'elle talle et qu'elle demande de l'air. M. l'abbé Regnaud se livre à cette étude mu par un sentiment chrétien, patriotique.

— M. Beaudouin, inspecteur général de l'Instruction primaire, propriétaire à Bolandoz, président du comice d'Amancey (Doubs), que nous avons cité page 66, nous fait savoir, à la date du 17 juillet 1869, ce qui suit : Le galéga a bien poussé. Les bêtes, vaches, bœufs et chevaux, le mangent volontiers. J'ai distribué de la graine dans vingt autres communes. A l'automne, je vous ferai connaître les résultats obtenus.

Ainsi le bétail comtois, grâce à un homme supérieur dévoué au pays, trouve son compte à manger le nouveau fourrage, et nous pouvons dire que les maîtres y trouveront aussi leur profit.

Forcé de clore cette liste de faits, nous regrettons de ne pas avoir assez de place pour citer d'autres témoignages aussi respectables et aussi authentiques. Terminons ce chapitre par un détail digne d'intérêt.

— La Société centrale d'agriculture de Belgique, saisie, d'après notre brochure, par M. Simonis de Barbençon, de la question du galéga, s'en occupe activement. Sous la présidence de M. le sénateur comte L. de Robiano, en juin 1869, un débat s'est engagé duquel il appert : 1° qu'au Concours régional d'Angers, le galéga a été mangé avec avidité par plusieurs brebis mères ; que, administré sans ménagement à ces bêtes, plusieurs en ont été météorisées;

2° Qu'une analyse faite en Belgique par un chimiste, ami d'un honorable membre de la Société, a démontré que le *galéga contient plus d'azote que tout autre four-*

rage; or, l'azote est une principale base des matières nutritives;

3° Que sur une pièce de huit hectares semée de galéga
en lignes, par M. Louis Jullien, fermier à Barbençon,
dans le Hainaut, il vient très-serré et la récolte en est
assurée.

Sur douze autres hectares, ce qui est levé pousse très-
bien, et il est à remarquer que, sur la partie semée avec
du sainfoin, bien que *ce fourrage ait été semé plus d'un
mois avant le galéga, ce dernier tend à rattraper le sainfoin pour la force et la vigueur.* Le restant vient bien,
mais a été semé peut-être un peu trop clair.

(*Journal de la Société centrale de Belgique,*
numéro de juin 1869.)

XXI.

Les adversaires du galéga.

En nous livrant à l'étude de cette plante pour acquérir
la connaissance de sa nature, son mode de végétation,
sa valeur diverse, nous avons d'abord éclairé notre
conscience. Une fois fixé sur la vérité qui pouvait être
prêchée par nous, nous avons sans relâche travaillé à
vulgariser la culture de la plante, tâche hérissée d'écueils et semée de difficultés. Servi par la presse, nous
avons parlé à tout le monde.

Une bienveillance spontanée accueillant nos efforts
nous fut marquée de divers points de la France et de
l'Algérie. De toutes parts, on voulait cultiver le galéga,
et, si le prix exorbitant de la graine n'eût fait obstacle,
dans le principe, à la propagation de cette culture, elle
eût envahi subitement un grand nombre de localités.

Les uns voulurent cultiver sérieusement le galéga et
en faire l'expérience sérieuse près de leur bétail. Ils
furent persévérants. Ils réussirent. Ils avaient travaillé

dans les conditions normales, nécessaires à toute semence qu'on confie à la terre : sol bien ameubli, terre
purgée de mauvaises herbes, fumée plus ou moins, ce
qu'on appelle terrain bien préparé. Ayant semé en ligne,
ils sarclèrent et leur culture prospéra.

Ils firent ensuite ce qu'on doit toujours faire pour
accoutumer le bétail à une nourriture nouvelle. Ceux-ci
réussirent, disons-nous, et plusieurs d'entre eux, ceux que
nous connaissions, nous ont fourni les faits ci-dessus
relatés. Nous donnons leur adresse exacte, afin qu'il soit
possible à tout lecteur défiant de contrôler ces rapports
consciencieux et formels. Pour ne pas grossir ce volume,
nous limitons le nombre de ces témoignages irréfutables.
D'autres propriétaires, éveillés par la curiosité que pro-
voque toujours une nouveauté, envoyèrent de la graine
à l'un de leurs fermiers ou à un régisseur.

La graine fut semée après avoir passé de mains en
mains à un valet de ferme. Elle fut confiée à une portion
de terre plus ou moins mal préparée, elle fut recouverte
avec excès et pour peu que la température fût défavorable,
la graine leva mal ou point du tout. Mais supposons
qu'elle leva bien. On abandonna l'ensemencement aux
envahissements des herbes parasites, la plante résista
sans doute parce qu'elle est vigoureuse ; mais elle crût
mal et donna un médiocre rendement lorsqu'on la
faucha. Dès lors, on dit : « J'ai semé du galéga, il n'a pas
levé. » — Je le crois bien, puisque, sur 100 graines enterrées à une profondeur anormale, il n'en naît aucune.
Ceci, vrai pour le trèfle, est vrai aussi pour le galéga. C'est
pourquoi, voilà toute la ferme, faisant chorus avec le mala-
droit serviteur, de crier : Le galéga ne peut croître dans
nos endroits, *ça ne vaut rien*. Et comme la voix qui dit du
mal de quoi que ce soit a toujours plus d'écho que la voix
qui parle pour dire du bien, la légende contre le galéga
suscite bientôt autant d'adversaires à la plante qu'on
trouve de causeurs sur le chemin. Le propriétaire à son
tour, dit : « j'ai fait semer du galéga, mais il n'a pas levé,
et ce qui en a levé n'a rien produit. » Et si, par malheur,

5

ces mots sont recueillis par un crevé, oisif colporteur de nouvelles, celui-ci s'en va au cercle débiter le fâcheux récit, et c'est un nouveau peloton d'adversaires qui naît au galéga. Ce que la légèreté, l'incurie, la maladresse avaient commencé, la malveillance le termine au détriment de la valeur d'une des plus belles légumineuses fourragères qui se puisse voir.

Poursuivons et admettons que la plante a été traitée dans les meilleures conditions. Elle donne avec une luxuriante vigueur un très-abondant produit. Alors on la sert verte ou à l'état sec au bétail. Il peut fort bien arriver que cette première tentative échoue complétement, que le bétail refuse cette nourriture qu'il voit pour la première fois. On s'en tient là et l'on dit encore : Le galéga est un mauvais fourrage ; mes bêtes le refusent. Ou bien il arrive que, sans transition ni ménagement, l'on en administre inconsidérément des rations exagérées aux bêtes ovines. Des indigestions frappent les moutons parce que ce fourrage, trop nourrissant, est indigeste. On ne dira plus que les bêtes l'ont refusé, mais on propagera que ce fourrage est funeste, ne vaut rien.

Tout ce mal eût été prévenu par de la prudence, et avec des soins persévérants on eût accoutumé les bêtes au nouveau fourrage, comme l'a fait M. Terniaire, en le servant mélangé avec une autre herbe, comme tant d'autres l'ont opéré.

Ainsi encore ici l'incurie vient en aide à la malveillance pour créer des adversaires à une belle et bonne chose.

Pour répondre aux détracteurs du galéga, nous croyons devoir citer l'extrait qui suit :

M. A. Ysabeau, l'éminent agronome, traitant de la nécessité de la production en grand des fourrages, s'exprime ainsi (1) :

(1) *Mercuriale des Halles et Marchés*, numéro du 26 octobre 1868,

« Pour les fourrages, l'agriculture européenne fera
sagement de se mettre partout en mesure de n'avoir jamais besoin d'un auxiliaire étranger. Le grand moyen,
celui qui, judicieusement appliqué, peut lever toute difficulté à cet égard, c'est la production en grand'des fourrages artificiels.

« La luzerne, qui s'offre en première ligne, ne réussit
pas partout ; dans les terres légères et peu profondes, il
ne faut pas compter sur elle. Le trèfle donne des produits
admirables; mais les meilleures terres s'en lassent vite,
et quand elles en sont lasses, plusieurs années s'écoulent
avant qu'elles consentent à en produire de nouveau.

« Le sainfoin, l'une des plantes les plus précieuses
pour constituer de bonnes prairies artificielles tempo-
raires, ne peut réussir que dans les terres qui contiennent
une forte proportion de sous-carbonate calcaire, ou dans
celles qu'il est possible de marner ou de chauler sans
parcimonie. Il y a donc lieu d'expérimenter, sans préjugé
comme sans parti pris ni pour, ni contre, les plantes
fourragères qui peuvent donner de bons produits dans
les conditions où celles dont notre agriculture dispose
déjà, ne réussissent pas. L'une de ces plantes longtemps
oubliée on dédaignée, mais dont le tour paraît être enfin
venu, c'est le galéga, dont j'ai déjà à cette place signalé
les progrès.

« D'abord, quant au succès de la culture du galéga,
dans les conditions les plus diverses de sol, de climat et
d'exposition, la question est jugée.

« Partout où la culture a été essayée, elle a réussi.

« Dans le Doubs, un des plus grands propriétaires et
des agronomes les plus éclairés de ce département,
M. Beaudouin, inspecteur général de l'enseignement primaire, a obtenu de la culture du galéga des résultats tels
qu'il s'en est constitué le zélé propagateur, et tous ceux
qui ont suivi ses conseils à cet égard, ont eu lieu de s'en
féliciter. M. Beaudouin, rien que pour avoir doté son
arrondissement de cette nouvelle culture fourragère, y a

déjà réalisé une amélioration agricole d'une portée incalculable. »

M. Ysabeau, après avoir cité plusieurs autres faits authentiques, continue ainsi :

« J'aborde le grand nœud de la difficulté, la répugnance attribuée au bétail à l'égard du galéga. Chez les animaux qui se trouvent pour la premère fois en présence d'un fourrage nouveau, cette répugnance qui n'est autre chose que de la défiance, n'a rien que de très-naturel. Lorsque j'étais fermier dans le Var, en 1841, l'un de mes voisins, M. D..., avait soumissionné une fourniture de bœufs pour l'armée d'Afrique. Il acheta des bœufs en Espagne et les embarqua à Carthagène, avec une provision de très-bon foin. Malheureusement pour lui, les bœufs espagnols, n'ayant jamais mangé que de l'orge « cebada » et de la paille triturée par l'opération du dépiquage, ne savaient pas ce que c'est que du foin ; ils refusaient obstinément d'en goûter. La traversée fut contrariée par le mauvais temps ; beaucoup de bœufs moururent de faim ; les autres arrivèrent dans un tel état d'épuisement à Alger, que l'administration de la guerre refusa d'en prendre livraison. Faut-il conclure de ce qui précède que le foin de première qualité ne vaut rien pour les bœufs ? Tous les herbivores, mais principalement les bœufs, les vaches laitières et les chevaux, s'ils hésitent d'abord quelquefois à accepter le galéga, finissent par le manger avec avidité et s'en trouvent parfaitement nourris. M. Gillet-Damitte a réuni, comme preuve irréfutable de ce fait, un nombre imposant d'attestations légalisées de propriétaires, d'agriculteurs, dont le savoir et la compétence en pareille matière ne sauraient être contestés. Elles prouvent jusqu'à la dernière évidence la valeur nutritive du galéga pour tous les herbivores domestiques. On a observé dans plusieurs localités que les bœufs acceptaient mieux le galéga à l'état sec qu'à l'état frais C'est que l'arôme particulier du galéga, comme celui du mélilot et de quelques autres plantes de la famille des légumineuses, est nul à l'état frais et très-prononcé à l'état sec.

« L'espace me manque pour ajouter ici des détails, fort dignes d'attention néanmoins, sur le rôle que le galéga est appelé à jouer comme plante industrielle, dans la fabrication du papier.

« Quand on verra le galéga faire son chemin dans notre agriculture comme plante fourragère et comme plante industrielle, celui qui la condamne aujourd'hui reviendra de ses préventions et regrettera, j'en suis persuadé, d'avoir élevé la voix contre une des meilleures plantes que l'Europe puisse ajouter à la liste trop restreinte de ses végétaux cultivés.

« A. YSABEAU. »

DEUXIÈME PARTIE.

CULTURE DU GALÉGA.

XXII.

Petite monographie du Galega officinalis.

Le *Galega officinalis* est une plante légumineuse, parce que ses fleurs, telles que celles du pois, du haricot, etc., produisent des cosses ou gousses que les botanistes appellent *légumes*. Ces fruits se cueillent ordinairement à la main, *leguntur manu*, d'où vient le mot *legumen* (1).

Le mot galéga est formé des mots grecs γαλα (*gala*) lait et αιξ (*aïix*) αιγος (*aïgos*) chèvre, c'est à-dire lait de chèvre, parce que le galéga accroît le lait des chèvres qui s'en nourrissent, et des autres herbivores.

On appelle aussi *papilionacées* les fleurs des légumineuses auxquelles on a trouvé de la ressemblance avec un papillon.

Les papilionacées appartiennent toutes à la famille des légumineuses, mais celles-ci ne sont pas toutes papilionacées. On distingue dans ces dernières un *étendard* ou pétale supérieur, deux *ailes* ou pétales latéraux, deux inférieurs rapprochés et plus ou moins soudés par les bords inférieurs ; le tout de ce dernier ensemble est nommé *carène*. On dit que la fleur du galéga est *diadelphe* parce que ses étamines sont réunies en deux faisceaux, et de la classe *décandrie*, parce que ces étamines sont au nombre de dix.

(1) *Siliqua quassante legumen.* (Virgile.)

Le Galega officinalis, appelé officinal parce que jadis il était employé en médecine et faisait partie des remèdes préparés dans les officines de pharmacie, est une plante fourragère, attendu que ses pousses, coupées à une hauteur donnée, peuvent servir d'aliment au bétail, comme les produits des graminées ou herbes des prairies qu'on appelle foins.

Le galéga est un fourrage digne du plus grand intérêt par l'abondance de ses produits et par la valeur alimentaire de sa fane et par sa longue durée, car le galéga est une plante classée par les botanistes parmi les plantes vivaces. J'en ai vu au Jardin-des-Plantes des touffes qui, au dire d'un vieux jardinier, avaient dix-huit ans d'âge.

On distingue, pour fourrage, deux sortes de galéga : le *Galega officinalis* et le *Galega orientalis*.

Le premier est originaire d'Europe. Il croît spontanément dans certains cantons de Lot-et-Garonne, où M. Carrère, instituteur, en a découvert sur les bords de l'Avance. M. le docteur Dubiez en a aussi trouvé à l'état natif dans le Jura, Nous-même en avons rencontré de beaux pieds dans un bois de l'Eure. Il y en a particulièrement dans toute l'Italie, de la Lombardie à Naples. Passé le détroit de Messine, on ne le retrouve plus en Sicile, m'a dit le botaniste italien M. Parlatore. On l'a cultivé dans le Wurtemberg, et depuis quarante ans les écrivains agricoles allemands n'ont cessé d'en recommander la culture, m'a écrit M. Fleischer, directeur de l'école d'agriculture de Hohenheim (2).

Par un bienfait du ciel, il croît en abondance et à l'état naturel dans la Terre-Sainte. M. l'abbé Michon en a vu des *stations* considérables entre Béthléem et Nazareth. Si les peuples de ces contrées bénies savaient en profiter ! C'est la pâture de leurs chèvres.

---

(2) Je dois consigner ici que messieurs de la Légation de S. M. le roi de Wurtemberg, à Paris, ont apporté le plus gracieux empressement à me mettre en communication avec l'honorable directeur. Je les remercie de tout cœur.

Jusqu'ici il n'a guère été cultivé en France que comme une plante médicinale ou d'agrément.

Le *Galega orientalis* a été rapporté, dit-on, du Caucase par Tournefort. Il est moins vigoureux, mais résiste au froid de l'hiver et offre un pâturage alors qu'aucune végétation n'a commencé à paraître, dans les premiers jours du printemps. Dans les tentatives que j'ai faites pour le cultiver, j'ai dû remarquer que le *Galega orientalis* lève plus difficilement, et sur 100 graines semées par moi, dans de bonnes conditions, c'est à peine si quatre graines ont levé. J'en ai abandonné la culture, parce que la graine en est rare et surtout parce que son rendement n'est pas aussi abondant que celui de son frère le *galega officinalis*.

XXIII.

Du terrain propre à la culture du Galéga.

Ce qui distingue cette légumineuse des autres plantes fourragères de la même famille, comme la luzerne, le trèfle et le sainfoin, c'est que le galéga vient dans toute terre avec plus ou moins de succès. Il croît là où la luzerne et les deux autres fourragères trèfle et sainfoin ne pourraient croître. C'est une vérité admise même par les adversaires du galéga, et cette vérité, si elle n'était hors de tout débat, se trouverait démontrée par les expériences pratiquées récemment dans le Nord, dans le Jura, dans le Doubs, dans les Basses-Alpes et autres points de la France, même dans l'inclémente Sologne. Mais il est certain que cette plante aime un sol frais, même qu'elle vient avec abondance dans les terrains humides, sur le bord des ruisseaux. Nous savons que dans un sol léger bien fumé, elle donne une telle abondance de produits, que les chiffres en sont presque incroyables. Nous ne l'avons pas semée nous-même dans toute espèce de sol ; mais à Saint-Eloi nous avons confié sa semence à une pelouse gazonnée qui n'avait été rompue que par un demi-fer de bêche et sur un seul labour, le sol se composant de terres rapportées et formant un sur-sol silico-calcaire; il y a réussi d'un succès moyen, si l'on compare la belle venue de la culture que nous en avons faite dans un carré bien ameubli et fumé d'un engrais composé de paille et de colombine. M. Marchon, cultivateur et maire de Trinay (Loiret), en a ensemencé 1 are 80 dans une terre médiocre de Beauce. Il a semé tardivement, le 1er mai 1867 (1). Au 23 juillet, sa culture néanmoins était parfaitement belle et dépassait toutes mes espérances. Nous en avons coupé un mètre carré qui a fourni 1 kil. 500. C'est un fait remarquable, 15 mille kilog. à l'hectare pour le début. Au 15 d'août suivant, la culture de M. Marchon était en pleine floraison et promettait de fournir des graines en abondance.

Dans l'arrondissement de Cambrai, les 80 Instituteurs qui l'ont expérimenté avec un succès à peu-près égal, l'ont cultivé dans des terrains divers et il y a partout réussi. Il a crû en Sologne dans des terres compactes argilo-tuffeuses. Il a poussé aussi dans le Doubs, dans des terres caillouteuses, de même dans les Basses-Alpes, dans des sols siliceux rebelles au sainfoin.

En raison de sa composition minérale (voir pag. 56), il est facile de comprendre que toute terre non fumée et privée d'éléments calcaires ne peut lui être favorable. Du reste, il est admis par les écrivains qui l'ont étudié que toute terre lui convient. La terre qui lui est destinée se trouvera bien de tout amendement où la soude et la potasse se rencontreront; par conséquent, un compost formé de cendres, de charrées, de fumier de vaches, arrosé d'eau de savon et mélangé de phosphate, ne saurait que rendre le sol propre à cette plante. Quoiqu'il en soit, j'estime que tout fumier de ferme lui convient ainsi que les guanos Agenais, de la Motte, Rohart, la chaux

---

(1) C'est la première culture dans le Loiret.

animalisée. Il va sans dire qu'une terre ameublie d'ailleurs par la charrue et bien entretenue ne peut qu'a-
vantager la végétation de cette plante, car si elle n'est
pas exigeante sur la qualité du terrain, sa venue est toujours mieux assurée là où la terre est bien préparée.
Ce dire est une vérité élémentaire.

XXIV.

De la semence ou graine du Galéga.

La graine du galéga, vue à la loupe, a la forme
et l'apparence d'un petit haricot, et c'en est un en
effet. Elle est un peu plus grosse que la graine de
la luzerne. Quand elle est jeune, elle est d'une belle
couleur jaune un peu safranée ; si elle a passé l'année, elle prend un ton de bistre un peu léger ; enfin, si elle a vieilli, elle devient foncée, presque de
la couleur de la suie.

Les semences des plantes légumiueuse ont une propriété germinative de si longue durée, que M. Pépin
leur attribue la faculté de reproduction pendant une
cinquantaine d'années. Quoi qu'il en soit, la graine
jeune est toujours à préférer. Quand la fleur est passée,
elle est remplacée par des siliques ou cosses longues,
grêles, noueuses, qui contiennent la semence. Or,
comme les fleurs de cette plante, qui commencent
leur évolution en juin, se succèdent sur la même tige
presque jusqu'au mois de septembre, il s'ensuit que
les premières fleurs épanouies ont leurs graines mûres
longtemps avant leurs suivantes.

Il arrive de là que si l'on n'a pas soin de cueillir les
gousses mûres lorsqu'il en est temps, la cosse desséchée
s'ouvre et la graine est perdue sur terre ; ce qui fait
que la récolte de la semence demande une attention particulière. Je me suis bien trouvé d'avoir recueilli la graine en coupant les gousses un peu

avant leur parfaite maturité, lorsqu'elles sont jaunies, les laissant sécher peu à peu. Mais il faut dire que les cosses étant étroites et serrées, il n'est pas facile d'en extraire la graine, et, pour en faire le battage en grand, je crois qu'il faut avoir recours aux machines propres à battre la luzerne et le trèfle, disposées de manière à ne pas écraser la semence.

Des rapports qui me sont parvenus de plusieurs praticiens, on peut conclure et admettre qu'un are de galéga arrivé à la floraison, fournit 1 kil. 560 de graines ou 156 kil. à l'hectare. C'est ce que l'Empereur a obtenu dans sa culture de la Châtaignerie. M. Marchon a récolté dans la proportion de 150 kil. à l'hectare, et M. Tourniaire de Forcalquier 140 kil., le tout provenant d'un ensemencement de l'année. En cela, le galéga diffère de tous les autres fourrages, luzerne, trèfle et sainfoin qui ne rapportent pas de graine dès la première année.

Ce que je puis dire, c'est que j'ai récolté 800 grammes de graines sur 3 mètres carrés, d'une culture de seconde année. Jusqu'ici la rareté de la graine a fait qu'elle est demeurée chère. C'est une cause qui a arrêté la propagation de cette culture. Puis des grainiers en ont livré de mauvaise qualité. J'ai cherché, et je crois avoir trouvé le moyen d'en faire baisser le prix et d'en faire offrir à l'agriculture des semences aussi germinatives qu'on le peut garantir. Pour répondre aux nombreuses demandes qui m'ont été faites, afin de pouvoir se procurer de la graine de galéga, j'ai écrit au propriétaire qui m'a fourni celle avec laquelle j'ai fait mes premières expériences pour l'engager à envoyer en France une certaine quantité de cette graine première qualité; ce qu'il s'est empressé de faire. Je l'ai adressée à M. Dubois, négociant, 21, boulevard des Capucines, à Paris, qui a bien voulu se charger du dépôt de la susdite graine. Les premiers semis étant appelés à reproduire la graine en France, je ne saurais trop insister pour que l'on s'adresse directement à M. Dubois afin de se procurer la graine de premier choix, conditions essentielles pour le succès.

La graine, dans le principe, se vendait 25 fr. le kilog. Par mes efforts, je l'ai fait baisser d'abord à 15 fr. le kil., puis à 10. Enfin, cette année 1869, le dépôt de M. Dubois l'a fournie à 5 fr. et il en a livré à 2 fr. le kil. à tous ceux des propriétaires qui ont consenti à lui vendre leur récolte pendant un temps déterminé, au prix des fourrages de leur localité.

C'est dans ces conditions et au prix de sacrifices réitérés que nous avons propagé la culture de cette belle plante.

Dans la seule année 1868, nous avons distribué gratis à divers, pour plus de 1,200 fr. de graine de galéga.

J'avais commencé cette culture, il y a cinq ans, avec 10 grammes de graine et 2 mètres carrés de terrain. En 1869, nous avons pu mettre à la disposition de l'agriculture 3,500 kil. de cette graine.

Dépôt, 21, boulevart des Capucines, à Paris.

XXV.

Époques de l'ensemencement du Galéga, reproduction de cette plante.

On peut en règle générale semer le galéga en toutes saisons, le temps des chaleurs et des froids extrêmes excepté.

Pour peu que le sol soit frais et la température douce, la graine germe assez vite, au bout de huit, douze ou quinze jours, mais elle vient assez irrégulièrement, et, sans en avoir pu savoir la cause, j'ai remarqué que la même graine, semée avec le même soin et dans les mêmes conditions, sort de terre ici abondamment, là comme si elle avait été clair-semée; puis, d'intervalle en intervalle, on voit apparaître de nouveaux pieds qui s'annoncent en montrant leur deux lobes opposés.

On sait d'ailleurs que les graines des plantes légumineuses restent quelquefois, par un caprice de la nature, deux ou trois ans en terre sans germer, surtout quand elles y sont enfoncées. De là, il arrive que des ensemencements, faits en apparence dans de bonnes conditions, donnent des places claires, et que l'année suivante de nouveaux pieds poussent, sur lesquels on ne comptait pas.

La graine de galéga, comme celle du haricot, sort de terre avec deux cotylédons, c'est pourquoi l'on peut dire qu'elle est dicotylédone.

On admet dans la pratique que plus une graine est fine, moins elle a besoin, pour germer, d'être enfouie profondément. La graine de galéga ne veut pas être trop couverte. Ayant remarqué que celle qui tombe d'elle-même sur la terre germe parfaitement bien, j'ai fait des ensemencements sans prendre la peine de les couvrir; ils ont réussi. Cependant cette pratique offre uu danger : si, à partir du moment qu'on a jeté la semence sur la terre, et jusqu'à ce que la germination soit complète, il ne pleut pas et que la chaleur domine, la radicule, cette partie de l'embryon qui, la première, perce l'enveloppe de la graine pour s'enfoncer dans la terre où elle doit devenir racine de la plante adulte, la radicule, disons-nous, étant à découvert, souffre, se dessèche, et la plante meurt. Quand la graine est recouverte d'une couche de terre trop épaisse, c'est le contraire qui arrive ; les deux petites lames ou les cotylédons, impuissants à se faire jour, se brisent, et l'embryon meurt. Il y a donc à suivre un moyen terme.

On peut appliquer au galéga, pour l'ensemencement, ce qui résulte des expériences de Schwertz sur la graine de trèfle. Sur 100 graines enterrées à la profondeur de :

8 centimètres il en lève sur 100   00
6 centimètres   —   —   27 en 13 jours.
3 centimètres   —   —   93 en 9 —
1 centimètre 1/2 —   —   ·90 en 6 —

Je crois qu'on peut fixer trois époques favorables à la semaille du galéga :

1° Semer fin de février, en mars ou dans la première quinzaine d'avril, c'est le meilleur temps ;

2° Semer en mai, dans le moment où la végétation a tant d'activité ;

3° Semer aussitôt que la graine est récoltée, fin d'août et en septembre. Bien qu'un ensemencement ainsi fait m'ait parfaitement réussi, je le conseille avec une grande réserve, pour les climats du nord, car des faits prouvent qu'un tel ensemencement, dans une terre légère surtout, peut périr l'hiver, victime des gelées.

L'ensemencement de printemps peut s'opérer, m'a dit M. Pépin, conjointement avec un blé ou une avoine, comme se traite la luzerne ; c'est une expérience à faire. Je pense cependant que l'ensemencement opéré de la graine sans mélange avec une céréale est plus favorable à la venue de la plante.

Je dois noter qu'en Sologne, un ensemencement fait avec une céréale de mars m'a été signalé par M. E. Gaugiran, secrétaire du comité central agricole, comme ayant mieux réussi que d'autres pratiqués autrement.

L'ensemencement du printemps donne un fourrage tendre qui est bon à faucher fin de juin, plus ou moins abondant.

L'ensemencement de mai fournit un plant vigoureux qui se développe sous l'influence des pluies et de la température chaude qui règnent à cette époque. Cependant semer en mai, c'est un peu tard, pour faire, dès la première année, plusieurs coupes, comme les instituteurs du Nord.

L'ensemencement de la fin d'août et de septembre a cela de particulier et de favorable : la plante bien levée en septembre se fortifie en octobre, voire même en novembre et en décembre, s'il ne gèle pas. Elle reste stationnaire pendant les fortes gelées et les neiges ; mais à l'arrivée du printemps, si elle a pu résister aux frimas, elle croît, se développe et tale comme si elle était adulte, et peut dès lors fournir plusieurs coupes.

On sème à la volée comme la luzerne et le trèfle.

Mais je suis convaincu qu'il est profitable de semer en ligne avec un semoir Leclère ou autre, et de laisser une raie de charrue libre de mètre en mètre, afin d'aérer la culture et de ménager un sentier pour sarcler quand la plante est jeune. Le jeune plant dans son premier âge est délicat et peut être étouffé par les plantes parasites lorsqu'il n'a pas encore acquis la force de les dominer. J'insiste sur le mode d'ensemencement en lignes, et j'adhère fortement à l'ensemencement en poquet comme l'ont pratiqué certains des intelligents instituteurs de Cambrai.

On donne pour mesure de la semence d'un hectare, 20 kilogrammes. D'après mon expérience, je pense que la proportion de 30 kilogrammes à l'hectare est préfé·rable, et, si la graine de cette fourragère n'était pas encore si chère, j'engagerais les amateurs à répandre 50 kilogrammes de semence par hectare ou 5 grammes par centiare, car en semant dru, le fourrage est plus délié, plus tendre, et puis, s'il y a des clairières, on les peut réparer par le repiquage de plants pris aux places où les pieds sont trop nombreux. D'un autre côté, comme le galéga tale beaucoup, en semant dru, on empêche le plant de se développer, de drageonner, c'est à observer ; la pratique décidera ce qu'il y a de mieux à opérer à cet égard.

Lorsque les pieds du galéga ont atteint plusieurs an·nées, ils comportent, comme les plantes vivaces, des drageons assez nombreux de 10 à 18, qu'on peut éclater et planter en automne ou en février, au plantoir. Ces pieds repiqués donnent au printemps suivant les plus belles pousses, et fournissent une abondance de fourrage comme des pieds anciens. Les plus beaux produits me sont venus d'éclats ainsi mis en place.

Le galéga peut aussi se reproduire par le bouturage. A cet effet, j'ai pris sur des tiges un peu fortes des tronçons de 15 à 20 centimètres ; dans une terre meuble, je les ai enfoncées de manière à enfouir deux ou trois yeux naissant sous l'aisselle du pétiole qui supporte les folioles de la plante et de manière à laisser au moins un œil à l'air libre. Il va sans dire que la tige bouturée doit être tranchée net et sans que ladite tige soit endommagée. Cette opération qui m'a très-bien réussi, doit se pratiquer vers le 15 de juin et au moyen de tiges vigoureuses qui n'ont pas été coupées depuis le printemps. Ce mode de reproduction, qui doit être plutôt l'objet d'une récréation de floriculture qu'un moyen de propagation agricole, peut néanmoins servir à former une pépinière de plants à repiquer en place à l'automne. Arroser soigneusement les boutures, comme condition absolue.

M. le docteur Dubiez, médecin et philanthrope à Montmirey-la-Ville, par Moissey (Jura), est un de ces amis des utiles progrès, observateur savant et sincère des lois de la nature. Il cultivait le galéga dans sa retraite, quand M. le marquis de Boisdenemetz, propriétaire à Dôle, jugea bon de me mettre en rapport avec cet honorable docteur. Ce dernier m'adressa plusieurs lettres. Voici un extrait de ses observations sur la reproduction du galéga (26 juillet 1868) :

« Au printemps dernier, écrit M. Dubiez, j'ai semé en lignes sur défrichi de prairie, à la seconde année de culture, quelques ares de galéga (semence recueillie chez moi). *La graine était irréprochable.* Un grain peut-être sur vingt a réussi. Néanmoins, les vides n'ont pas été sensibles. Malgré la sécheresse, la surface verdoie uniformément.

« J'ai montré à des payasns cet essai. Connaissez-vous, leur ai-je demandé, une fourragère quelconque donnant, dans l'année la plus favorable, une première pousse de cette richesse ?

« — Assurément non, et à beaucoup près.

« — Supposez maintenant qu'au lieu d'un semis de première année, dans un espace aussi restreint, j'aie,

d'aventure, quelques hectares de galéga en plein rapport,
de deux ou trois ans, par exemple.

« — Ils vaudraient gros d'argent.

« — Eh bien, cet argent qui, tôt ou tard, viendra
dans votre bourse, vous le devrez à M. Gillet-Damitte. »

ENSEMENCEMENT PAR LE SYSTÈME DE M. DUBIEZ.

Lorsque je sémerai du galéga, voici comment je m'y
prendrai :

A l'entrée de l'hiver, avant les fortes gelées, je fume
largement, en terrain frais, et laboure en ouvrant le
champ (ce que nos cultivateurs appellent fendre). Je
comble à la brouette, avec bonne terre rapportée, le sil-
lon médiocre, et je laisse agir la gelée.

Aux semailles d'avoine, je herse scrupuleusement,
sans labour. Ma terre fuse comme cendres. Puis je sème
en lignes de l'est à l'ouest, à l'aide d'une planche en sapin
de taille ordinaire (4 mètres), sur laquelle j'ai cloué, à
$0^m 15$ de distance, une série de petites baguettes de cou-
drier fendues en deux, de la grosseur du doigt. La planche, appliquée sur le sol, du côté des baguettes, dessi-
nera un creux à la surface des sillons demi-cylindriques,
comme les baguettes, profonds à peine d'un centimètre.
J'y dépose ma graine et tasse avec une petite dame.

De plus, de mètre en mètre, dans un des intervalles
de $0^m 15$, je sème une rangée de maïs, l'expérience
m'ayant appris que l'ombrage du maïs neutralise parfaitement l'excès de chaleur nuisible au galéga. Si l'année
est humide, je faucherai (mi-juillet) le maïs en vert et le
galéga simultanément. Si l'année est sèche, j'éclaircirai
seulement le maïs pour le faire fructifier, et ne faucherai
le galéga qu'après enlèvement du maïs.

« Je suis convaincu que ce procédé, plus long et plus
coûteux en apparence qu'un semis à la volée, sera défini-
tivement économique. J'épargnerai la graine ; je pourrai
activer la végétation par un sarclage ; j'aurai une récolte

de maïs sans détriment pour mon galéga, ou un fourrage supplémentaire et succulent ; enfin et surtout un résultat certain.

J'ai tenté l'année dernière de former de toutes pièces un champ de galéga au moyen du repiquage.

A l'arrière saison, j'y consacrai un beau semis de printemps. J'y mis tous mes soins. L'hiver détruisit les trois quarts de mes replants. Ceux qui survécurent à la gelée ne tenaient plus au sol que par un maigre pivot branlant, dernier vestige d'un chevelu luxuriant. Je me hâtai de rechausser ces pauvres martyrs. Leur végétation fut bien retardée de six semaines. Aujourd'hui leurs fanes, chargées de graines, dépassent un mètre.

J'en conclus qu'il n'est pas sain de replanter le galéga en automne, et même j'incline à repousser, en toute saison, ce mode de reproduction. Voyez le colza, la betterave : quand les replants sont-ils jamais aussi beaux que les semis, sinon exceptionnellement ?

Mes replants de galéga ne me serviront désormais qu'à produire graine. Je les dispose en bordure dans les plates-bandes de mon jardin (*utile dulci*). Ils n'y sont point déplacés.

L'année dernière, parcourant un pré voisin de mon village, quelques semaines après vendanges, je remarquai à la superficie du sol, disséminées çà et là, quelques souches d'herbe saillant de 4 ou 5 centimètres. Je pris une bêche et, avec effort, soulevai cette agglomération de racines végétant là depuis je ne sais combien d'années. Chacune d'elles fournit plus de vingt éclats que je remis en terre à la suite de la plantation sus-mentionnée. C'était bien du galéga. La gelée, qui le décima comme les autres, ne m'en a laissé que quelques échantillons fort beaux.

XXVI.

Quand faut-il faucher le Galéga.

Le galéga adulte, à notre avis, peut fournir une coupe dès les premiers jours d'avril. On peut ensuite le couper lorsqu'il est repoussé jusqu'à la hauteur de 35 à 40 centimètres. De la sorte, si le terrain n'est pas trop sec, ni la température trop élevée, on peut obtenir cinq ou même six coupes de fourrages. C'est l'avis de M. Pepin et aussi le nôtre, d'accord avec les observations des 80 ins-titeurs de Cambrai.

Il y aurait, à mon avis, un grand inconvénient à faucher une culture nouvelle, trop jeune et lorsque la plante n'a pas fait ses racines, car la faux tranche les organes importants du végétal. Or, si le temps est sec, après le fauchage, la jeune plante n'ayant de force que par sa racine imparfaite, se dessèche et meurt, surtout si le collet est attaqué.

Pour obtenir du galéga un fourrage sec acceptable par le bétail, il convient de ne pas laisser durcir la tige. Donc en général, si l'on ne veut pas tirer du galéga un profit industriel, il est bon de le faucher quand il atteint la hauteur de 35 à 40 centimètres.

XXVII.

Evolution du Galéga.

Aussitôt que les lobes ou cotylédons de la graine sont hors de la terre, au bout de quelques jours, apparaissent deux petites feuilles latérales qui portent bientôt le caractére de la légumineuse et en constituent la plantule. La radicule s'enfonce dans la terre comme le pivot de toute plante. Autour du pivot, à mesure que la tige s'ac-croît, s'étalent des radicelles, de telle sorte qu'elles forment une touffe chevelue de racines. Bien différent de la luzerne, dont le long pivot s'enfonce jusqu'à deux mètres là où le sous-sol lui fournit un passage, le galéga, par sa racine multiple et son pivot d'environ 15 à 20 centimètres, s'attache à la surface plus qu'il ne la pénètre, et tandis que la luzerne absorbe tous les sucs en réserve dans la couche inférieure, le galéga emprunte une bonne partie de sa nourriture à l'azote de l'atmosphère, car nous avons vu qu'il contient 5,50 p. 0/0 d'azote et la luzerne n'en contient que 1,92 pour 0/0.

Lorsque la plante a fait sa tige et ses racines, elle croît à vue d'œil. Moins on sera exigeant la première année, plus elle rapportera la seconde.

La plante adulte donne, dès les premiers jours d'avril, un fourrage de 40 à 50 centimètre de hauteur. On le peut faucher en première coupe.

Si l'on abandonne la plante adulte à son libre cours, elle montera de semaine en semaine; traitée dans de bonnes conditions, elle atteindra par ses tiges jusqu'à deux mètres de hauteur. C'est la mesure exacte des tiges de ma culture à Saint-Eloi. Les visiteurs ont vu, en juin 1867, 1868 et 1869, et mesuré cette incroyable dimension, pareille à celle de la luzerne d'Egypte. Au 20 juin 1869, on voyait à Passy dans la propriété de M. Marbeau, rue de la Faisanderie, n° 33, une culture faite en 1868, par M. Martinet, et dont le galéga mesurait aussi deux mètres.

Après la première coupe, dès les premiers jours d'avril, les pousses qui reviennent, obtiennent, fin de juin, une dimension de 80 à 90 centimètres de hauteur, souvent plus. Dans cet état, elles accomplissent une belle floraison. J'ignore si ce résultat s'offrirait en tout terrain; c'est du moins celui que j'ai obtenu de ma culture. Au reste, véritable hydre de Lerne, à laquelle on coupe une tête pour en voir renaître cent, le galéga poursuit sa végétation d'une manière incessante : à peine avez-vous fauché, qu'il se reproduit talant et verdoyant. J'ai obtenu de bons effets, m'a-t-il semblé, d'avoir plâtré la culture lorsque les pousses marquaient; d'y avoir répandu en couverture une fumure de guano et un stimulant en cendres et en terreau de colombine. J'estime que le guano agenais de Jaille et la chaux animalisée de Mosselmann, ou le guano Pichelin de Lamotte-Beuvron, seraient de fertiles auxiliaires, car enfin il faut rendre à la terre ce que les récoltes lui enlèvent, et l'axiome *Rien de rien*, est une vérité absolue.

La floraison du galéga commence vers le 15 juin sous le climat de Paris et dure tout le mois de juillet et une partie d'août. De chaque corolle naît une petite cosse qui, successivement, s'allonge et renferme une suite de graines qui sont à l'étroit dans une gaîne serrée, où elles marquent leur présence par un petit renflement.

Il m'a été rapporté, qu'il est arrivé que lorsqu'on fauche tardivement des regains de septembre, la plante est exposée à geler pendant l'hiver. Je n'affirme pas cette donnée, car mon expérience personnelle ne m'a rien appris à ce sujet. Je crois cependant que dans certains terrains légers de l'Est de la France, il y a eu des cultures qui n'ont pas résisté à la gelée. Le froid extrême n'a rien détruit sous le climat de Paris, ni dans le département du Nord, encore moins dans la Beauce et la Sologne et dans le Midi de la France. J'incline à penser qu'il peut être nuisible à la plante de la faucher dans l'arrière saison, à l'approche des premières gelées.

XXVIII.

Profit du Galéga.

Le galéga s'accommodant de toute terre, offre de prime abord, par l'abondance de sa fane et la facilité de le cultiver, cet avantage qu'il croît là où la luzerne, le trèfle et le sainfoin se montrent rebelles à la culture. Il vient avec force dans les terres humides, sur le bord des ruisseaux, dans ces sols frais même en excès qui se refusent à produire des légumineuses fourragères, et aussi il s'accommode des terrains les plus médiocres. Voir page 67, le rapport des Instituteurs de Cambrai et les autres rapports, pages suivantes.

Rendement. On peut pratiquer au moins quatre coupes de galéga par an. J'estime qu'en terre fraîche ou irriguée, il fournirait aisément six coupes dans une année.

J'ai obtenu les chiffres suivants en 1866, à Saint-Eloi, dans la proportion par hectare, de

26,000 kilogr., 1re coupe, 21 avril ;
13,000 kilogr., 2e coupe, 31 mai ;
19,500 kilogr.. 3e coupe, 19 juillet:
13,500 kilogr., 4e coupe, 21 septembre.

Ensemble 72,000 kilogr. de fourrage vert, dans l'année, proportions rapportées à l'hectare.

Le 3 avril 1867, j'ai fait, dans ma dite culture, une première coupe qui, bien vérifiée, m'a fourni dans la proportion de 27,500 kilogr. à l'hectare.

Une autre première coupe, que j'ai faite le 25 mai, n'a produit que dans la proportion de 14,280 kilogr. à l'hectare.

J'attribue le poids énorme qu'on obtient en avril, à ce fait, qu'en ce mois, à la suite de pluies abondantes, les tissus du végétal sont gorgés de l'eau de la végétation printanière.

Je craindrais d'être téméraire si j'affirmais qu'un tel rendement est certain partout et toujours ; cependant j'ose dire qu'en terre bien préparée et en plein champ le rendement annuel du galéga doit s'élever au moins au double de celui d'une luzernière en bon rapport et produire 48 à 64,000 kilogr. de fourrage vert, représentant 12 à 16,000 kilogr. de fourrage sec.

Notons que telle culture de première année paraît désespérée, qui, l'année suivante, devient superbe. C'est ce qui est arrivé notamment chez M. Piédalu, à Saint-

Denis-en-Val, et chez M. Michau, Maire de Saint-Pryvé, près d'Orléans, et ailleurs dans la Meuse.

Au reste, ces affirmations, loin d'être exagérées, sont bien au-dessous des assertions fondées du rapport général de M. Bruyelle, instituteur à Solesmes (Nord). « Les calculs les plus modérés, dit-il, portent à 4 kilos le poids de fourrage vert récolté par centiare et pour une seule coupe (ensemencement de 1re année), soit 40,000 kilos vert représentant 10,000 kilos de fourrage sec, et toujours pour une seule coupe. » Or, si l'on pratiquait seulement deux coupes dans ces conditions, on obtiendrait encore 10,000 kil. de fourrage sec, ensemble 20,000 kil. à l'état sec. »

A Calonges (Lot-et Garonne), M. Carrère, instituteur, a constaté le poids de 6 kilos par mètre carré dans une coupe qu'il a faite le 11 mai 1869, chez M. Beyries. Ce galéga avait atteint la hauteur de 1^m 20. C'est tout juste 60,000 kilos verts à l'hectare, soit 15,000 kilos secs. Dans cet état de croissance, s'il est impropre à nourrir le bétail à cause de la dureté de sa tige, il a une valeur industrielle; car le galéga sert à faire de la pâte à papier.

On s'est récrié sur ce rendement obtenu en petite culture; on l'a traité d'exagéré. En quoi diffère la petite culture de la grande? Par les soins donnés à la première et négligés dans la seconde. Or, est-ce que la terre bienfaisante n'exige pas les soins de l'homme? Si le cultivateur négligeait une culture de betteraves, voire même de topinambours, en obtiendrait-il de belles récoltes? Si l'on soigne le galéga en grande culture, il donnera toujours de grands produits; mais limitons ces récoltes à une moyenne de 12,000 kilos secs à l'hectare, ce n'est pas exagéré; abaissons même le rendement annuel de l'hectare à 10,000 kilos secs. Nous trouverons pour le produit brut de l'hectare, à 4 fr. seulement les 100 kilos du fourrage, un revenu de 400 fr. obtenu en améliorant la terre.

Or, les frais de culture, de fauchage, de voiturage et de toute nature sont bien inférieurs à ceux d'un hectare de terre cultivée en froment, et sont nuls en très-grande

partie à la deuxième année. Et comme des calculs d'agronome portent à 8 fr. la valeur nette de l'hectolitre du froment (1), celui qui en récolte 25 hectolitres à l'hectare, maximum, encaissera 200 fr. quand celui qui aura cultivé du galéga peut se faire net par hectare .... 250 fr.
de profit par le fourrage et récolter pour graine (2)............................ 300

Ensemble......... 550 fr.

D'un autre côté, le galéga ne craint ni la rouille ni la verse, et si le fourrage a été mouillé, pourvu qu'il n'ait pas été pourri, il aura toujours sa valeur industrielle de 4 fr. en moyenne les 100 kilos.

Balance :

Produit du galéga 10,000 kilos par hectare. 550 fr.
Produit du froment à 25 hectol.   —   200

Différence au profit du galéga...... 350 fr.

Et si, comme la chose est possible, même démontrée, on récolte 14,000 kilos de fourrage sec de galéga à l'hectare, on aura 480 fr. de produit brut, d'où je déduis 150 fr. de frais. J'ai alors 430 fr. par hectare de bénéfice au profit du galéga, comparativement au profit d'un hectare de froment ayant donné 25 hectolitres.

Un fait important à placer ici, c'est que le fourrage sec de galéga étant un tiers plus nutritif que le foin de pré, celui qui ne récolterait que 9,000 kilos de galéga emmagasinerait — la science l'atteste — 12,000 kilos au profit de ses bestiaux. Cette plus-value, qui n'a pas coûté un sou au cultivateur, n'est elle pas un profit correct, net à poser dans l'addition ?

(1) *Gazette des Campagnes* du 10 avril 1869.

(2) J'admets seulement 150 kilos de graine à 2 fr. le kilo.

Autre fait à noter au chapitre du profit :

Supposons qu'un cultivateur ayant récolté du froment en 1869 sur un hectare de terre, voulût ensemencer de nouveau en froment la même terre en 1870, il ne le pourrait faire avec profit, d'après les lois de l'économie agraire. Eh bien, au moyen d'un labour au printemps et d'une culture de galéga à enfouir vert, il le pourra. Semer le galéga en mars, l'enterrer vert en août après en avoir pris une première récolte. Labourer et semer du froment en octobre. On peut évaluer à 2 kilos par centiare au moins le poids du galéga vert enfoui, ou 20,000 kilos pour l'hectare, représentant 5,000 kilos secs. Or, sachant que le galéga contient 5,50 p. % de matières azotées, la fumure en vert portera à la terre 275 kilos pour l'azote seulement, représentant en argent, à 2 fr. 25 c. le kilo, 618 fr. 75 c., ou la fumure de 60,000 kilos de l'engrais fumier de ferme pour l'azote, 10,000 kilos de fumier contenant 40 kilos d'azote.

Nous croyons aussi très-dignes de l'attention de nos lecteurs les observations qui suivent :

Le galéga sec contenant 5,50 p. % d'azote n'est pas seulement le plus nutritif des fourrages (1), j'oserais dire que cette fane sèche, toujours au point de vue de l'azote seulement qui constitue la richesse basique d'un engrais, est plus riche que bon nombre d'engrais commerciaux très-renommés. Voici un extrait comparatif emprunté au remarquable ouvrage de M. A.-L. Dudouy sur les matières fertilisantes :

(1) Pour s'en convaincre, consulter l'ouvrage de M. I. Pierre *Sur la valeur nutritive des fourrages*. Paris, juin 1864, pages 62 et suivantes.

Le guano Agenais n° 2 contient.... 3 à 5 p. % d'azote..
Le guano Derrien contient......... 3 à 7 — —
Phospho-guano — 2,19 — —
Tourteaux de viande — 3 — —
Tourteaux de colza — 5 — —
Chaux animalisée — 2 — —
Engrais humain d'après Boussingault 3 — —
Engrais organique Richer.......... 4,50 — —
Poudrette pure................... 1,78 — —

Or, comme le galéga emprunte à l'atmosphère son azote, cette plante sera justement l'auxiliaire d'une fabrique d'engrais, car 100 kilos de sa fane sèche pulvérisée porteront dans un mélange une dose de 5 k. 5 d'azote.

M. C..., chimiste du Jardin-des-Plantes de Paris, me disait, d'après son analyse vérifiée par deux épreuves sévères : « J'estime que 40 kilos de galéga sec équivalent, pour les matières azotées, à 100 kilos de foin de pré. »

Dans cette donnée qui émane d'un savant autorisé, le fourrage galéga sec est 3/5 de fois plus nutritif que le foin de pré; donc 1,000 kilos de fourrage galéga équivaudraient à 1,600 kilos de foin de pré ; donc aussi, en engrangeant seulement 10,000 kilos de galéga, on posséderait une valeur de 16,000 kilos de foin de pré au profit de toutes les bêtes de la ferme.

Ou la science ment, ou il y a ici une valeureuse vérité. Nous l'inscrivons ici, cette vérité, pour faire droit aussi aux sages observations du docteur Dubiez ; il nous écrivait :

« Veuillez me permettre de relever un détail qui se trouve bien dans votre monographie à l'état rudimentaire, tandis qu'il mériterait, selon moi, d'être plus vigoureusement accentué.

« Au moment où j'écris (26 juillet 1868), il ne se trouve pas dans une seule étable du canton un brin de fourrage vert. Les luzernes ont été flambées, et les trèfles ont à peu près manqué partout. Nos bêtes sont au foin, ce qui diminue la provision d'hiver et l'abondance actuelle du lait.

Or, si chaque habitant possédait son champ de galéga à côté de sa luzernière montée trop rapidement en graine, il faucherait tranquillement, jour par jour, jusqu'à consommation parfaite, un excellent et copieux fourrage, fleuri ou non, ancien ou récent, et la dernière charretée serait aussi tendre, aussi bien accueillie des animaux que les bourgeons verts ; les foins respectés, les vaches plus abondantes, plus satisfaites, sans compter une litière plus grasse et des soucis en moins.

« Voilà, ce me semble, un résultat considérable, et, à ce point de vue seulement, votre plante mériterait déjà droit de cité dans la ferme. »

Voyons le rendement des autres fourragères légumineuses, à l'hectare.

Le trèfle donne un produit annuel de 9,000 kilogr. de fourrage sec en bon rendement. C'est environ moitié moins que le galéga.

Le sainfoin, dans les très-bonnes terres, peut fournir, en moyenne, de 5 à 6,000 kilogr. de fourrage sec, plus de moitié moins que le galéga.

On peut considérer comme un bon rendement moyen des prairies naturelles, 4 à 6,000 kilogr. de fourrage sec par hectare et par an. C'est environ le tiers du rendement du galéga.

Et comme ses cendres contiennent environ 39 p. 0/0 de carbonate de potasse et de soude, on peut extraire de sa fane de la potasse et de la soude. On a dit que cette plante, autrefois surnommée *faux indigo*, contient de l'indigo ; cela peut être, mais nous n'en savons rien par nous-même.

Je suis convaincu que le galéga qui prospère dans les sols frais, voire même humides, donnerait d'abondants et utiles produits dans les marais de l'Algérie, et, comme le chameau paraît le rechercher avec avidité, ce serait une excellente culture à faire au profit des bêtes de somme de cette contrée.

J'ai de même la conviction que notre fourragère croîtrait admirablement bien dans les terres basses du Mazendéran, en Perse. S'il en était ainsi, cette province, si riche déjà, accroîtrait ses richesses par une culture facile, au moyen de laquelle elle approvisionnerait toutes les stations du Khorassan, pour le profit des caravanes. Mirza Youssef-Khan, chargé des affaires de Perse à Paris, a compris et noté cet avantage, et S. Exc. Hassan–Ali-Khan, dont le nom sera toujours cher aux amis de la Perse, a présenté cette brochure à S. M. I. Nasser ed–Din–Schâh. Le progrès n'est point réservé à la seule Europe. Quand les moyens économiques de nourrir les bêtes de somme s'étendent jusqu'au Grand Désert Salé, c'est au profit de l'humanité tout entiére. Mirza Youssef-Khan a provoqué tout récemment un entretien spécial avec nous sur le Galéga. Lorsque je lui en ai eu montré des tiges de 2 mètres de hauteur, le Khan s'est écrié, en invoquant le témoignage de Séïd-Sadek présent : « Mais cette plante croît abondamment dans l'Azerbaïdjan (ancienne Médie, patrie de la luzerne). On veille à ce que le bétail en mange peu, à cause de sa grande valeur nutritive. » Mir Sadek (1) fut de cet avis, et Mirza Abdollah, premier secrétaire interprète de la légation, affirma que le Khan et le Séïd ne se trompaient pas. Mirza Youssef-Khan me fit savoir qu'à Tiflis, on mange confit au vinaigre le *Galéga* dit *orientalis*.

. XXIX.

Valeur nutritive du Galéga.

Il faut, dit Sprengel, que les plantes que l'on destine au gros bétail, et surtout aux vaches laitières, contiennent les matières que nous trouvons dans le lait, c'est-à dire la soude, le chlore, le soufre, le phosphore, la potasse, le carbone et l'azote. Plusieurs de ces dernières substances contribuent beaucoup à la production de la laine

(1) *Mir*, on *Séïd*, titre des descendants du Prophète.

dans les races ovines et à la production de la viande dans le gros et le menu bétail.

Or, si l'on se reporte, page 56, à l'analyse minérale du galéga et à celle faite par le chimiste M. C..., page 60, on acquerra la preuve que le galéga contient de la soude par le carbonate de soude ; du chlore par le chlorure de sodium ; du soufre par le sulfate de soude et de chaux ; du phosphore par les phosphates ; de la potasse par le carbonate de potasse ; du carbone par les carbonates de potasse et de soude qu'il contient, enfin de l'azote, dont son fourrage sec renferme le chiffre énorme de 5,42 p. 0/0. en moyenne.

Par conséquent, le galéga, remplissant les conditions indiquées par l'agronome Sprengel, a une valeur nutritive propre aux bêtes bovines et à la race ovine.

D'un autre côté, de l'analyse faite par M. Gaucheron, professeur de chimie agricole, il résulte que, selon ses calculs, le galéga, quant à l'azote, matière d'après laquelle on détermine la valeur nutritive d'un fourrage, si l'on prend 100 kilogr. de foin de pré, on a pour équivalent 62 kilogr. 500 de fourrage sec de galéga. Donc, ce dernier est un tiers plus nutritif que le foin des prairies, et très-propre à la race chevaline, avec profit.

Et, d'après l'analyse de M. C.., faite et vérifiée par deux expériences au Jardin-des-Plantes, le galéga sec contient :

En matières grasses..... 1,83 0/0
En matières azotées..... 5,42 0/0

D'après Sprengel, le trèfle contient :

Matières grasses 0,90 0/0
Azote 0,50 0/0

La luzerne contient, il est vrai, d'après Boussingault :

Matières grasses........ 3,50 0/0

mais elle ne donne que 1,92 p. 0/0 d'azote, le sainfoin 1,04 p. 0/0 et le foin de pré 2 p. 0/0.

En résumé, le galéga, au point de vue de l'azote, qui est la base de la valeur nutritive d'un fourrage, est :

      Au bon foin de pré comme   5,42 sont à   2;
      A la luzerne   comme   5,42 sont à   1,92;
      Au sainfoin   comme   5,42 sont à   1,04;
      Au trèfle   comme   5,42 sont à   0,50;

Pour les matières grasses, le galéga est :

      A la luzerne comme   1,83 sont à   3,50;
      Au trèfle   comme   1,83 sont à   0,90;
      Au sainfoin   comme   1,83 sont à   3.

On voit que si le galéga est inférieur à la luzerne pour les matières grasses, il est bien supérieur au trèfle sous ce rapport, et dans quelles proportions notre plante l'emporte sur ses congénères luzernes, sainfoin, trèfle, et même sur le foin de pré, par rapport aux matières azotées. Si l'on consulte le tableau de la valeur nutritive de tous les fourrages, dressé par M. Isidore Pierre, on verra que le galéga excelle sur toutes les plantes citées par le grand chimiste de Caen.

En effet, M. Isidore Pierre n'attribue au foin ordinaire, que.... 1,15 p. 0/0 d'azote.

Au trèfle....... 1,81   —   —
Au sainfoin..... 1,50   —   —
A la luzerne.... 1,85   —   —

Le galéga contenant les principes alimentaires *plastiques*, et les aliments *respiratoires* a une valeur alimentaire complète, car, d'après MM. Boussingault, Dumas, Payen, Liébig, il faut admettre ce principe formulé par ces illustres savants : *Si l'on considère des matières alimentaires de* NATURE ANALOGUE, *les plus riches en azote sont généralement les plus nutritives, et leur valeur comme aliment, paraît dans beaucoup de cas, proportionnelle à la quantité d'azote qu'elles renferment.*

Or, le galéga est d'une nature analogue aux fourragères légumineuses, luzerne, trèfle, sainfoin ; ses matières azotées sont complétées par 1,83 p. 0/0 de matières grasses.

XXX.

Usage du Galéga.

Le galéga, par la grande quantité de principes nutritifs qu'il contient, est évidemment un fourrage précieux pour la nourriture du bétail; mais il peut, comme le trèfle, la luzerne et même plus que ces fourrages être indigeste pour les bêtes qui n'y sont pas accoutumées. Comme ses congénères, il est susceptible de produire dans les races des ruminants le gonflement appelée *météorisme*. Il convient de prendre à l'égard de cette fourragère les mêmes précautions que pour la luzerne et le trèfle. En général, pour les brebis, le servir mélangé avec une autre herbe et en petite quantité.

J'estime que la fane sèche de galéga, triturée et coupée comme la paille, lorsque cette fane est *peu* durcie doit-être une nourriture qui donne au cheval un certain feu, en raison des principes azotés qu'il contient, et des principes gras et carbonés, constitutifs de tout aliment complet, car l'avoine vantée à juste titre, ne contient que 1,92 p. 0/0 d'azote. Mais alors il faut conserver et joindre les fleurs et les feuilles qui sont plus riches en azote que le reste du fourrage, poids pour poids.

En raison de son analogie avec les autres fourragères légumineuses, d'après les données de M. Isidore Pierre, on serait conduit pour la valeur nutritive à ranger dans l'ordre suivant les différentes parties du fourrage galéga: 1° fleurs; 2° feuilles; 3° fourrage entier; 4° partie supérieure des tiges; 5° partie inférieure des tiges.

On sait que le trèfle, la luzerne et le sainfoin abandonnant facilement leurs feuilles, éprouvent une grande déperdition de leurs principes nutritifs. Par un privilége heureux, les feuilles du galéga demeurent solidement attachées à la tige par de légers filaments.

Nous avons cité des faits, page 100, qui prouvent que

des bœufs espagnols se sont laissés mourrir de faim plutôt que de manger du foin, aliment qu'ils ne connaissaient pas ; les bœufs de M. Moll refusant obstinément de l'avoine ; les vaches de la ferme impériale de Vincennes qui, pendant huit jours, ont rejeté les feuilles du chou Cavalier ; enfin, les bœufs du docteur Dubiez, qui n'ont pas voulu accepter les feuilles de topinambour. Les animaux refusent communément une nourriture à laquelle ils ne sont pas accoutumés.

Il se peut donc que les bêtes rejettent d'abord ce fourrage vert ou sec. Pour les y accoutumer, on peut leur en servir mélangé avec un autre fourrage et en augmenter la dose progressivement ; on pourrait aussi arroser le fourrage d'un peu d'eau salée ; mais il ne faut jamais oublier que le poids de la ration en fourrage de galéga doit être plus d'un tiers moindre que celle en foin des prairies.

En général, on peut admettre que le fourrage du galéga, mélangé à un autre fourrage moins substantiel, sera profitable et sans inconvénient pour les bêtes. Et comme nous l'a fort judicieusement écrit M. Ackein, de Beaume-les-Dames, entrât-il pour 20 % seulement dans la nourriture du bétail, ce serait déjà une grande conquête pour l'agriculture.

Le secrétaire de l'Académie royale d'agriculture de Florence, pour compléter les renseignements que m'a fournis cette Société, m'a écrit que M. Del Puglia, régisseur du marquis Capponi, ayant eu occasion de faire faucher des terrains où le galéga avait été semé avec du trèfle, et les deux fourrages ayant été séchés et mélangés, le mélange a été mangé avec plaisir par les vaches et les brebis.

M. Del Puglia a rendu à la propagande de cette plante de bons services. Nous le félicitons de son dévoûment à la cause agricole et le remercions de ses bons offices.

Les abeilles ont pour les fleurs du galéga une prédilection marquée. C'est pourquoi certains apiculteurs élèvent cette plante dans le voisinage des ruches. Comme la fleur se prolonge longtemps après celle des sainfoins, les abeilles y trouvent du profit.

Je ne sache pas qu'aucune récolte puisse offrir un asile plus tutélaire aux perdrix, aux faisans et aux lièvres qui s'y plaisent et s'y donnent rendez-vous.

XXXI.

Usage du Galéga (*suite*). — Propriété lactigène du Galéga.

Propriété lactigène du Galéga sur la race humaine. — Comme nous l'avons déjà dit, le mot galéga signifie lait de chèvre. Ce nom lui a été donné, il faut l'admettre, parce qu'il a la propriété d'accroître le lait des chèvres.

Voici des faits qui prouvent que cette propriété ne s'exerce pas seulement au profit des ruminants. Nous avions noté, page **21** de notre première édition, que, dans certaines localités de l'Italie, on mange le galéga en salade ou cuit comme des épinards.

Le 17 mars 1869, M. J.-L. Carrère, instituteur communal à Calonges (Lot-et-Garonne), nous écrivait ce qui suit : « Je viens vous faire part d'une expérience que nous avons faite ici, la première peut-être qui se soit faite en France.

« Ma femme, qui se sentait un peu fatiguée de nourrir notre deuxième garçon âgé de sept mois, craignait bien, il y a quelques jours, d'être obligée de le sevrer plus tôt qu'il ne l'aurait fallu, lorsqu'elle s'avisa d'essayer de manger du galéga en salade, comme cela est indiqué dans votre brochure.

« Lundi soir 8 mars, j'allai donc chercher quelques tiges de galéga, qui mesurent déjà 0ᵐ 40 de hauteur. Nous en préparâmes les feuilles en salade. A la première bouchée, notre palais semblait ne pas vouloir s'accommoder d'un goût fort que ma mère, ma femme et moi, nous lui trouvâmes ; mais bientôt ce goût sembla disparaître, et nous mangeâmes fort bien tout ce que contenait le saladier.

« Dans la nuit, ma femme remarqua qu'elle avait plus de lait que de coutume ; elle souffrit bien moins des maux d'estomac et l'enfant fut moins inquiet. Le lendemain nous en mangeâmes de nouveau ; la mère eut plus de lait que la veille, pas de maux d'estomac, et l'enfant fut fort tranquille.

« Afin de nous assurer si c'était réellement le galéga qui produisait cet effet, le mercredi j'engageai ma femme à n'en pas manger. La nuit suivante, l'enfant ne nous laissa presque pas dormir, tellement il était inquiet de ne pas trouver la même abondance de lait que les deux nuits précédentes, et le jeudi matin ma femme sentit les maux d'estomac revenir.

« Le jeudi soir, elle mangea de nouveau du galéga, et nous en mangeons depuis lors tous les soirs, mélangé avec du cresson. Nous le trouvons fort à notre goût. Et, ce qui est plus important, c'est que ma femme a beaucoup de lait, qu'elle ne souffre plus des maux d'estomac, que l'enfant ne tète plus qu'une ou deux fois par nuit, et qu'il n'est plus inquiet comme auparavant.

« Voilà le résultat d'une expérience qui n'est pas sans intérêt pour vous, Monsieur l'Inspecteur, et que je suis heureux de vous signaler. »

Le 4 mai suivant, M. Carrère nous écrit : « Je viens vous confirmer ma lettre du 17 mars dernier touchant le fait lactigène du galéga. Nous mangeons toujours de la salade de galéga. Ma femme et son nourrisson s'en trouvent toujours fort bien. »

Cet effet du galéga ne pouvait être un fait accidentel. Vérifié le 14 mars, il s'est perpétué jusqu'au 4 mai, époque où la mère et l'enfant se trouvaient fort bien de l'usage de la plante.

Sans perdre de temps, je fis travailler à la composition d'un sirop lactigène, dans le but de concourir à l'œuvre persévérante de M. Marbeau, fondateur des crèches en France. Le premier résultat obtenu eut lieu, 36, rue de Reuilly. Mad. Roche, qui nourrit un enfant de huit mois, ayant fait usage du sirop, cette substance alimentaire donna à la mère-nourrice, du soir au lendemain à midi, une telle surabondance de lait qu'elle en fut embarrassée toute l'après-midi, bien que son enfant, gros et fort, tétât sans désemparer.

A la date du 16 juin 1869, la femme Charquier, domiciliée à Paris-Saint-Mandé, rue de la Croix-Rouge, 21, ayant un enfant de trois mois à la crèche Saint Antoine, rue de Reuilly, reçut d'une libéralité un flacon du sirop lactigène. Elle a fait la déclaration suivante :

« J'ai fait usage pendant cinq ou six jours du sirop lactigène. Nourrissant une petite fille de trois mois, j'avais peu de lait et je souffrais de maux dans le dos et dans l'estomac. L'usage de ce sirop a fait disparaître ces maux et mon lait est devenu plus abondant. »

Cette déclaration est contresignée de Mad. A. Brasseur, directrice de la crèche, attestant que Mad. Charquier a fait ladite déclaration à elle, en présence des femmes de service de l'établissement.

D'un autre côté, Mad. Lekime-Vander-Horst, directrice de l'École professionnelle de jeunes filles, rue des Quatre-Chemins, à Paris, établissement auquel est annexée une crèche, nous a écrit, en date du 25 mai 1869, la lettre suivante :

« Monsieur Gillet-Damitte, j'ai donné depuis plusieurs jours, à une pauvre mère, du sirop lactigène que la crèche de la Providence a reçu de vous.

« Cette mère-nourrice a témoigné, en présence de M. Marbeau, fondateur, en visite à la crèche, le résultat de ce sirop sur sa personne. Ce témoignage est écrit sur notre registre des visiteurs de la main même de M. Marbeau. »

« Une mère dont l'enfant a trois mois et qui est bien faible, n'avait pas assez de lait. Elle prend depuis vendredi du sirop lactigène, et elle s'aperçoit que son lait devient plus abondant.

« 25 mai 1869.

« Signé : MARBEAU. »

Quelques jours plus tard, nous recevions de M. P. Baillet, employé au chemin de fer de Lyon, la pièce ci-après :

« Je déclare vrai ce qui suit : Ma femme venant d'accoucher, se rétablissait assez difficilement et le lait lui manquait. Elle fit usage pendant plusieurs jours du sirop lactigène. Ce sirop lui fit beaucoup de bien et commençait à accroître son lait quand, ne pouvant plus s'en procurer, ce sirop lui manqua.

« Alors elle mangea pendant plusieurs jours des salades du galéga cultivé par M. Gillet-Damitte. Ce régime ajouté à sa nourriture ordinaire, augmenta sensiblement le lait de la mère ; dès lors l'enfant se développa à vue d'œil.

« Pour s'assurer si la surabondance de son lait avait pour cause l'usage du galéga, ma femme cessa d'en manger pendant deux jours. Dès ce moment son lait diminua. C'est pourquoi elle recommença à manger des salades dudit galéga, et cette nourriture simple lui redonna du lait surabondamment.

« La présente déclaration, dans l'intérêt des familles, est signée aussi de ma femme.

« A Paris, le 19 juin 1869.

« Signé : P. BAILLET et Eugénie,
femme BAILLET.

« 34 bis, rue de Reuilly. »

Ces faits, dont l'un avait été attesté à lui-même et recueilli par sa plume, émurent l'éminent philanthrope fondateur des crèches. M. Marbeau daigna nous écrire :

« Dieu permet à l'homme de se servir de tout ce qu'il a créé sur la terre ; et, peu à peu, l'esprit humain découvre le moyen d'utiliser chaque chose : le *galéga* ferait encore plus de bien et empêcherait encore plus de maux que le *quinquina*.

« J'ai lu avec le plus vif intérêt ce que vous m'avez écrit sur le galéga ; si l'on peut obtenir qu'il rende le lait plus abondant, il pourra aider beaucoup à résoudre le plus important des problèmes pour la France.

« A Paris, il pourrait sauver tous les ans plus de 6,000 nourrissons !

« Il faut tout faire pour diminuer le nombre des enfants que les bureaux de nourrices expédient au loin... Et si vous trouvez moyen de faire que les femmes de Paris aient du *lait*, de *bon lait*, vous ôterez à elles et à leurs maris le prétexte qui les décide à exiler leur nouneau-né, au risque de sa vie et de son avenir!

« Depuis quelques jours, nous avons donné à la chèvre un peu de galéga : son lait est *plus abondant* sinon meilleur. »

Propriété lactigène du galéga sur la race bovine. — Sans aucune trivialité, l'histoire naturelle reconnaît des analogies sous plusieurs rapports entre les animaux mammifères et l'homme. Or, rien n'a pu s'opposer à ce que nous suivions près de la race bovine l'étude que nous avons faite, j'ose dire, avec un plein succès sur l'espèce humaine. Sous ce rapport, c'est encore un intelligent instituteur qui a été notre auxiliaire.

Ecole primaire publique de La Motte-Beuvron
(Loir-et-Cher), 4 juillet 1869.

« *M. Gillet-Damitte.*

« J'ai fait l'expérience que vous me demandez.

« Deux vaches laitières nourries exclusivement du galéga, ont donné en 24 heures 12 *litres de lait, soit* 3 *litres de plus* qu'avec une nourriture ordinaire de toute autre espèce d'herbe. Mon galéga est très-beau, et il est reconnu maintenant que cette plante fourragère, dont la propriété lactigène est un fait acquis, pousse bien dans nos terres de Sologne. On a été jusqu'à dire que donné sans mélange aux bestiaux, il les faisait mourir.

« Et moi, j'atteste que j'en ai donné pur à des lapins et à des vaches, à plusieurs reprises, et qu'ils ne s'en sont pas trouvés indisposés.

« Veuillez agréer, etc.

« Signé : A. VRAIN. »

Remarquons que les vaches de Sologne, de petite taille, ne produisent guère en moyenne que de 8 à 9 litres de lait en 24 heures, c'est-à-dire, la moyenne des cotentines d'après M. Boussingault. Or, le galéga ayant accru le lait de 3 litres sur 9, c'est une augmentation de lait de 33 p. 0/0. Ce fait acquis n'a pas besoin de commentaire. Pourtant, puisqu'il est prouvé que la Sologne produit le galéga, que la plante y croît avec force, et qu'elle donne aux vaches laitières 33 p. 0/0 ou 1/3 de lait en plus, le galéga importé en Sologne est une richesse agricole, et nul préjugé ne sera assez fort pour le bannir; il le faut croire.

Cette conquête s'étendra en *France* au profit de l'alimentation publique.

XXXII.

Les Dames patronesses du Galéga.

Les dames élégantes qui font autorité parmi celles de la haute aristocratie ont voulu contribuer au succès de la plante qui nous préoccupe : c'est ainsi qu'elles se sont adressées à M. H. Dubois, artiste dans l'art d'imiter la nature, pour le prier de leur faire des coiffures et des garnitures de robes de la fleur du galéga, fleur qui est si jolie dans ses nuances naturelles, c'est-à-dire blanches et lilas. Cette plante, appelée à jouer un si grand rôle comme fourrage parmi nos cultivateurs, aura comme ornement gracieux le même succès parmi nos reines de la mode et du monde élégant. Fabriquée par

M. Dubois, fournisseur breveté de S. M . l'Impératrice qui fait autorité parmi toutes les dames de goût, cette fleur ne peut manquer d'avoir un grand retentissement; c'est donc une bonne fortune pour les amis de l'art et du progrès.

Nous offrons à ces dames nos respectueux remerciments, particulièrement à Mad. la vicomtesse de Renneville et à Mad. Lucie Crété. Dans sa *Gazette rose*, Mad. de Renneville a fait une spirituelle et élégante monographie du galéga au point de vue sérieux et au point de vue de la fantaisie pour la grâce de la fleur qui est légère et modeste, fraîche et attrayante.

Dans le *Magasin des familles*, Mad. L. Crété a publié un charmant poème de M. J. Lesguillon, Le *Galéga réhabilité*.

XXXIII.

Appendice. Le Galéga utile à l'instruction publique aux sciences et aux arts.

Au moment de mettre sous presse la première édition de cet opuscule, nous avions reporté notre attention sur la plante verte ou séchée du galéga, et cette attention, éveillée d'ailleurs depuis longtemps, a eu pour résultat de nous convaincre que la tige du *Galega officinalis* et celle du *Galega orientalis*, de la racine à la tête, contiennent des fibres filamenteuses fines, continues, d'une nature pareille aux filaments qui peuvent servir à la fabrication de la pâte à papier. C'était un trait de lumière. Ce trait de lumière n'a pas été perdu, car il m'a si bien servi que je me flatte d'avoir inventé la pâte à papier de galéga, invention appelée prochainement à rendre de très-grands services à l'industrie papetière, sans troubler aucun intérêt.

Ces avantages n'ont pas échappé à la pénétration des publicistes du *Journal officiel de l'Empire*. On y lit, numéro du 25 juin 1869 :

« La plante nommée *Galega officinalis*, d'une si grande valeur nutritive pour le bétail, serait appelée à rendre aussi d'immenses services à l'industrie. On sait les efforts de toutes sortes tentés dans ces dernières années pour remplacer le chiffon dans la fabrication du papier. Ces efforts ont plus ou moins réussi, mais le papier n'en reste pas moins très-cher, à cause de la rareté de la matière première de bonne qualité. Il est certain que les matières végétales récemment substituées au fil n'ont pas encore réalisé toutes les espérances qu'on avait mises en elles. M. Gillet-Damitte, à qui nous devons la vulgarisation du galéga comme fourrage, a cherché l'utilisation de cette plante pour la fabrication du papier, et ses expériences ont été couronnées de succès. Il a obtenu, au moyen du galéga, une pâte qui donne un excellent papier et qui, mêlée à d'autres pâtes à papier, les améliore et fournit des produits excellents. Les expériences commencées par la science ont été continuées par l'industrie, et la fabrication en grand de la pâte de galéga, à des prix peu élevés, va donner une extension nouvelle à l'industrie papetière. »   (*Journal officiel.*)

, « Le papier qui sert à l'écriture et à l'imprimerie, a écrit ailleurs un publiciste, est une des branches d'industrie dont la production est la plus bornée, parce qu'on ne peut le faire qu'avec certaines substances très-rares.

« La France produit soixante quinze millions de kilogrammes de papier, dont un septième pour l'exportation ; ce n'est pas deux kilogr. par personne. L'Angleterre en produit cent millions et les Etats-Unis deux cents millions ; la Belgique en produit quinze millions de kilogr. à elle seule, — mais elle ajoute à la pâte du kaolin, matière terreuse.

« La production augmenterait encore d'ailleurs, dans ces divers pays, si la matière première ne manquait. Il faut, dit le savant M. Gratiot, 625 grammes de chiffon pour faire 500 grammes de papier. Les divers centres de production se disputent le chiffon des pays où la sortie est libre. C'est surtout d'Italie, de Grèce, de Serbie, de Turquie que les Américains tirent le leur. La France garde le sien avec le plus grand soin.

« Cette dispute acharnée du chiffon le fait rare et cher. On le garde, on l'emmagasine ; on attend la hausse. On sait qu'il n'y en a qu'une quantité donnée.

« Le chiffon étant de plus en plus recherché, on s'est adressé pour le remplacer à toutes sortes de matières. On n'y a pas réussi.

« On voit que c'est là une position des plus difficiles.

« Or, le dernier mot est loin d'être dit pour l'urgence du développement de la fabrication du papier. »

En effet, ajouterons-nous à notre tour, en présence de l'impulsion donnée à l'instruction publique, à l'instruction primaire et professionnelle, aux cours d'adultes, considérant aussi que la presse périodique, littéraire et politique accroît de jour en jour ses productions, sans compter d'ailleurs les nombreux volumes et brochures qui s'impriment de toutes parts, il reste évident que la fabrication du papier devient de plus en plus digne du plus haut intérêt.

Or, le fait est admis, reçu, démontré : la matière première manque.

Frappé de ces considérations, nous nous sommes mis à l'œuvre. On a obtenu du galéga une pâte à papier si malléable, si feutrable, qu'elle se met pour ainsi en carton sous le pilon du mortier employé à l'expérience. La racine, comme celle de la luzerne, moins longue, mais tout aussi fibreuse, peut se convertir aussi en pâte d'un grain fin ; il en est de même de toute la tige et jusqu'aux feuilles elles-mêmes. On en obtient un papier de bonne qualité.

Ainsi, il est acquis pour nous que cultiver le galéga, plante fourragère dont le rendement est si abondant, c'est en outre cultiver une plante industrielle. Et comme on cultive la betterave dans le voisinage des fabriques de sucre, le colza pour faire de l'huile à éclairer les yeux du corps, de même on cultivera le galéga dans le voisinage d'une fabrique de pâte à papier, pour que cette pâte, devenue papier, serve à éclairer les yeux de l'intelligence. Cette découverte féconde est brevetée en France et à l'étranger, pour application des deux *galégas officinalis et orientalis* à la fabrication de la pâte à papier.

Plusieurs expériences très-sérieusement conduites ont donné chaque fois les mêmes résultats constatés dans les deux pièces authentiques qui suivent :

DÉCLARATION DE MM. VANIER FRÈRES.

« Nous soussignés, Vanier frères, fabricants de papier à Lavignéville, près Saint-Mihiel (Meuse), déclarons et constatons ce qui suit :

« Le 28 mars 1868, MM. H. Dubois, négociant à Paris, 21, boulevard des Capucines, et Eugène Gillet-Damitte, avoué à la Cour impériale d'Orléans, représentant son père, M. Gillet-Damitte, inventeur avec M. Dubois (1) de l'application des deux galégas *officinalis* et *orientalis* à la fabrication du papier, ont apporté à notre fabrique environ 36 kilos de fane de galéga. Soumise à l'action de nos pilons, cette matière s'est bien comportée et nous avons tout de suite reconnu sa valeur papetière. Ayant conduit cette première expérience avec trop peu de temps, et les inventeurs n'ayant d'abord en vue que de vérifier le fait de leur invention, nous avons fait un papier tirant sur le gris, mais solide, ferme, résistant.

« De ce premier essai nous avons conclu, par nos connaissances pratiques, que la plante galéga comporte dans sa nature des propriétés exceptionnelles pour la fabrication, sans addition de chiffons, d'un excellent papier.

(1) M. Dubois est mon coopérateur pour les choses de la question industrielle, et dans mes sympathies pour lui, je lui ai fait un avantage dans l'affaire du papier, dont, à juste titre, je revendique le titre d'inventeur.

« Notre attention portée de plus en plus sur cette plante, loin d'infirmer notre première conviction , l'a augmentée. Et une étude suivie, approfondie de cette plante , nous a démontré par l'évidence de faits irrécusables que les galégas traités avec les outils modernes perfectionnés peuvent fournir toutes les qualités de papier.

« Le 8 octobre de ladite année, en présence de M. Bession, ancien fabricant de papier, maire de ladite commune , assisté de plusieurs notables habitants , nous avons fabriqué une cuvée de pâte dont le blanchiment obtenu par nous, quoique imparfait, démontre ce que l'art en peut obtenir. Les feuilles modelées ce dit jour portent immatriculés les mots : *papier galéga* avec les noms des inventeurs et le nôtre.

« 100 kilos de fane ont fourni 50 kilos de papier.

« Toute notre étude nous autorise à dire que le galéga fournit un papier d'autant plus ferme et résistant que ce papier provient d'une matière première directe , tandis que le chiffon de coton ou de toile , constituant , sans doute, une matière première de premier ordre , n'est pas moins une matière dont les fibres sont fatiguées par un long usage.

« Enfin, non en savants, mais en hommes de pratique et de conscience, nous affirmons ici notre pensée , notre conviction parfaite et résumée à savoir, que :

« L'application des galégas à la fabrication du papier est appelée à rendre de vrais et grands services à l'industrie papetière.

« Fait à Lavignéville, le 10 octobre 1868.

« *Signé* : Jules VANIER, Louis VANIER, dit *Eugène*. »

Vu pour légalisation des signatures de MM. Vanier frères, fabricants de papier à Lavignéville.

En mairie de Lavignéville, le 10 octobre 1868.

Le maire,   Signé : BESSION.

MEUSE. — COMMUNE DE LAVIGNÉVILLE.

« Nous soussigné, maire de la commune de Lavignéville, près Saint-Mihiel, déclarons conforme à la vérité ce qui suit :

« Le 8 octobre 1868, nous avons assisté avec plusieurs notables habitants de ladite commune à une expérience de fabrication de papier, à l'usine de MM. Vanier frères. La matière première complétement nouvelle était la fane d'une plante nommée *galéga*, jusqu'ici inconnue dans notre pays, introduite à Lavignéville par MM. Gillet-Damitte, inspecteur primaire en congé, rédacteur au *Moniteur universel*, demeurant à Paris, rue de Reuilly, n° 36, et Hector Dubois, négociant, fournisseur breveté de S. M. l'Impératrice des Français, demeurant aussi à Paris, 21, boulevard des Capucines.

« La fane, employée pour faire la pâte du papier de *galéga*, provenant de la culture faite de cette plante par M. Jean-Pierre Huguin, propriétaire et membre du conseil municipal de notre commune, et par MM. Vanier eux-mêmes, et d'un lot de beau fourrage dudit galéga offert par M. Lescuyer, propriétaire à Montataire (Oise), a été traitée par MM. Vanier comme une précieuse matière, réduite en une pâte d'une qualité telle que, sans aucune addition de pâte de chiffon, elle a fourni un papier solide, d'une force très-grande, enfin d'une belle qualité.

« Nous avons vu MM. Vanier frères commencer cette fabrication, et, par les plus intelligents efforts, conduire au point où elle est arrivée dans la pratique, l'invention du papier de galéga.

« C'est un fait pour nous d'autant plus remarquable que, ayant exercé pendant de longues années la profession de fabricant de papier, nous n'avons jamais vu, en dehors des chiffons, dans notre carrière, une matière première comparable à la fane de galéga.

« Fait à Lavignéville, le 8 octobre 1868, et

ont signé avec nous les personnes dont suivent les noms :

« *Signé* : Bession, maire, ancien fabricant de papier à Dieue, près Verdun ; Philippot, adjoint ; L. Santignon, Thénot et J.-P. Huguin, conseillers municipaux ; Dumoulin, curé de Lamorville ; Guiot, instituteur communal ; M.-A. Fortin, garde-champêtre.

« Vu par nous, etc., pour légalisation, etc.,

« Signé : Bession. »

Tout le monde sait, d'après les données reçues de l'agronomie, que toute plante fourragère qui a rapporté sa graine à maturité cesse d'être un fourrage nutritif; que la fane n'est d'aucun usage pour la nourriture des bestiaux, et que, quand même ces derniers la mastiqueraient, elle ne leur fournirait qu'un aliment sans saveur et indigeste.

Or, si la culture du galéga se propage, — nous devons l'espérer, — comme la graine manque, et qu'elle est assez chère, c'est la production de la graine qui fera l'objet des premières cultures; et subséquemment, pour perpétuer la production de la plante, soit comme fourrage d'une haute nutrition, soit comme engrais vert, azoté, d'une grande valeur, l'agriculture s'attachera toujours à faire de la graine.

C'est pourquoi les fanes des tiges porte-graines qui seraient sans un emploi avantageux, pouvant servir à la fabrication de la pâte de papier, trouveront un écoulement rémunératoire par le placement qui en sera fait dans la fabrication de ladite pâte à papier.

Nous ne pouvons aujourd'hui, et ici, établir la valeur vénale de ces fanes; nous dirons seulement que, d'après ce qui nous est révélé, la plante galéga peut fournir avec un déchet normal à peu près autant de bonne pâte que l'équivalent au poids de mauvais chiffons. Dès lors, la fane du galéga qui a porté graine pourrait être achetée à un prix d'autant plus avantageux que, sans cela, elle serait une matière vile et seulement propre à faire de la litière.

Si, après avoir pris sur un champ de galéga une première coupe du printemps, on l'abandonne à lui-même, il fournira des tiges qui s'élèveront à plus d'un mètre de hauteur, et en donnant fin d'août de bonnes semences, il donnera en outre des fanes abondantes : pour faire juger d'un tel rendement, nous nous bornons à citer ici ce que nous avons obtenu à Saint-Eloi.

Nous avons laissé croître sans la faucher dans l'année une petite culture. Au mois d'août, nous avons obtenu de 3 mètres carrés 9 hectogrammes de graines, soit 300 grammes par mètre carré. C'est dans la proportion de 3,000 kilogr. à l'hectare. J'avoue que ce rendement est dû a des soins extrêmes et exceptionnels. Or, en ce dernier temps, le kilog. de graines de galéga s'est vendu 5 fr. En réduisant ce prix de moitié pour le kilogr., et à 200 kilogr. seulement la graine récoltée sur un hectare, on aurait le chiffre rond de 500 fr. de graine pour la récolte d'un hectare. Ce chiffre encore exorbitant devra nécessairement fléchir. Les trois mètres carrés ont fourni 12 kilog. 600 grammes de fanes vertes ; c'est juste 4 kil. 200 grammes par centiare, ou 42,000 kilogr. à l'hectare, qui, séchés, se réduisent à 10,500 kilogrammes.

Or, pour la pâte de papier, il ne sera pas impossible de vendre ces fanes à raison de 4 fr. les 100 kil. C'est une plus-value de 420 fr. par hectare que rendrait le galéga à la bourse de l'agriculteur qui mettra la main à l'œuvre pour la culture de la légumineuse dont nous servons la providentielle bonté et dont nous célébrons la magnifique beauté.

Gillet-Damitte.

TABLE DES MATIÈRES.

DEUXIÈME PARTIE.

CULTURE DU GALÉGA.

EXTRAIT DU CATALOGUE

des Ouvrages de M. GILLET-DAMITTE,

Breveté pour l'Enseignement primaire élémentaire, supérieur et secondaire.

SYNTHÈSE LOGIQUE pour apprendre aux enfants à *penser* et à *raisonner juste*, à *parler* et à *écrire* correctement, 1 vol. in-12. — *Partie du Maître*, 2 fr., 1 vol. in-18. — *Partie de l'Elève*............................ 1 fr.

Arithmétique des jeunes garçons, ouvrage conforme à la *Synthèse logique*, 5ᵐᵉ édition, in-18.................................. 1 f. 25

Leçons primaires d'arpentage, 4ᵐᵉ édition, 3 vol. avec planches :
 1ʳᵉ partie : Arpentage et nivellement, in-12...................... 0 f. 90
 2ᵉ partie : Géodésie ou division du terrain, 1 vol. in-12........... 0 f. 90
 3ᵉ partie : Lever, dessin et lavis des plans, in-12, avec figures coloriées.. 1 f. 20

Bibliothèque usuelle de l'Instruction primaire, 25 volumes, traitant de toutes les matières de l'enseignement primaire. Broché, 20 cent.; cartonné, 25 cent. le volume.

Lecture, — Ecriture, — Grammaire, — Arithmétique, — Géographie, — Histoire, — Industrie, — Géométrie, — Dessin linéaire, — Physique, — Chimie, — Histoire naturelle, — Cosmographie, — Agriculture, — Arpentage, — Hygiène, — Gymnastique, — Musique, etc.

Principes de musique et de plain-chant, contenant la notation ordinaire et la notation chiffrée, la génération des gammes, 1 vol. in-12.. 1 f. 25

Ces ouvrages chez MM. J. Delalain et fils, rue de la Sorbonne, 1, à Paris.

BIBLIOTHÈQUE USUELLE DES VILLES ET DES CAMPAGNES.

Amendements et Engrais, 1 vol. in-12......................... 0 f. 30

Art des feux d'artifice, avec planche....................... 0 f. 35

Petit manuel de la bonne cuisine. — 240 recettes, 1 vol. in-12...... 0 f. 30

Hygiène de la table ou *Propriétés des aliments*, par rapport à l'économie et à la santé, in-12.............................. 0 f. 30

Petit manuel d'économie domestique, in-12................... 0 f. 30

Petit manuel d'arboriculture fruitière, 1 vol. in-12 avec planche... 0 f. 35

Petit manuel de floriculture (culture des fleurs)................ 0 f. 30

Petit manuel d'olériculture (culture des légumes)............... 0 f. 30

A Paris, BLÉRIOT, 55, quai des Grands-Augustins.

Plusieurs médailles d'argent ont été décernées à l'auteur pour tous ces ouvrages.

9 782329 280202